Why Do Buses Come in Threes?:
The Hidden Mathematics of Everyday Life

為什麼公車一次來3班？

從自然的奧妙原理到日常的不思議定律，
探索生活中隱藏的 81 個數學謎題

羅勃・伊斯威（Rob Eastaway）、
傑瑞米・溫德漢（Jeremy Wyndham）◎著
蔡承志◎譯

推薦序

數學知識果然非常有用！

　　對於很多人來說，數學的用途大概僅止於簡單的金錢計算，因此，有能力操作加減乘除運算即可。我們如果期待他（她）們對於數學及其學習回應比較積極正面的態度，那麼，他（她）們一定抱怨「學校數學」枯燥而乏味，或者將數學老師描述得像外星人一樣的恐怖。此外，有一些所謂「成功人士」喜歡強調他們幼年時數學成績如何爛，用以對照他（她）們今日對於「無需數學」的自在。面對這種現實，數學家與數學教育家通常都只能無奈地攤攤手，根本不知道從何說起。

　　問題是：學校數學除了幫你作一些最基本的「精打細算」之外，它真的沒有其他用途了嗎？答案當然是否定的！我想本書就提供了最體貼的說明，可以讓我們心服口服。譬如，在選舉季節你會隨便相信民意調查嗎？你知道圈中大樂透獎的機率嗎？你認為星座預測今日運勢好準？你懂得怎樣切蛋糕最好？你如何成功邀得意中人約會？你了解運動排行榜的

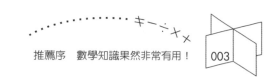

學問嗎？你能夠推測高速公路無預警的塞車原因何在？這些問題實質上是中學數學課程內容的一部分，只是由於它們大多數未成為考試題目，所以，我們比較難以體會罷了。

其實一般人對於學校數學的習焉而不察，部分原因可能是數學知識與日常生活的連結，沒有受到足夠的強調與重視。想必有鑑於此吧，本書作者由此切入，這當然也解釋何以本書各章標題如此引人入勝，譬如〈為什麼永遠找不到四葉幸運草？〉（第1章）、〈走路也有大學問！〉（第2章），〈如何準時上菜？〉（第18章）等等，經由這些，我們都可以讀到作者努力挑起讀者閱讀慾望的用心。同時，本書不同於一般的益智書籍，它預設了讀者的基本知識素養。儘管如此，讀者只要擁有高中數學（或其相當的）一點點素養，即已綽綽有餘。還有，本書各章之間並不假設任何邏輯關連，讀者翻開任何一個片段即可隨興閱讀。

總之，這是一本輕薄短小、內容合宜的數學科普著作。由於它的知識門檻不高，所以，我相信只要讀者有一點點「知識獵奇」的心情，就一定會愛不釋手的。

國立臺灣師範大學數學系教授
《HPM通訊》發行人　洪萬生

序

生活種種全都有數學

　　人類沒有發明數學，我們只是發現數學。我們的生活種種全都有數學，有些很嚴肅，有的很輕鬆，有些很重要，有的只是枝節。經常有人誤解這個學科，害怕數學怕得毫無道理，然而數學卻比其他一切語言都更單純、更合理。當我們凝望夜空，讚嘆星辰之美，訝異其遙不可及，當我們踏入浴缸排開池水（我自己就經常這樣做），當我們拋擲銅板或閱讀足球比賽結果，只要了解數學和相關學科，就更能享受其中樂趣，認識背後的道理，甚至還能預測、綢繆未來。

　　我小時候的三項最大嗜好是板球、流行音樂和天文學。儘管我當時還渾渾噩噩，並不知道其實這三項全都是基於統計，包括了打擊率、流行排行榜、行星的大小和距離。這三類課題彼此顯然是毫不相干，但是其中的常見數字，卻激起我的熱情並樂此不疲。此外，我也經常培養出新興趣，投入許多以數字為基礎的事物。然而，這些年來我玩輪盤賭老是贏不了，賭馬也總要輸錢，因此偶爾我也希望自己不要老是

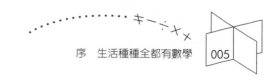

這樣愛玩數字。

　　最美妙的音樂作品可以做數學分解，並看出所有音符彼此都有數學關係，好比和聲振動、和諧或不和諧，聲音的數學關係愈純、愈簡潔就愈甜美。我可不是說，聆聽莫札特或巴布‧狄倫的作品時，手邊都應該有計算機，我也不相信這兩位感性天才在創作時，心中都念念不忘每分鐘振盪次數。不過，倘若更高等生物不是這樣做的話，那麼我還真的要感到非常驚訝。

　　伊斯威和溫德漢聲稱這本書很好玩，他們對極了。從炸薯片到撞球，從撲克牌把戲到保險，從破解密碼到等公車，其中一切現象在在提醒我們，數學是如何支配我們的生活並增添華彩。

萊斯（Tim Rice）

目次

緒論

把數學帶回日常現實生活

　　數學很優美又迷人，有時候甚至於還像是在變魔術。數學和我們所作所為幾乎全都有關係，而且有趣的題材也多得很，可以當作晚宴聊天的最佳話題。或許一般人並不這樣想，不過我們肯定都抱此觀點，而且希望各位讀者也能同意。談到數學，大家始終都沒有好印象，這種現象持續太久了，也該為它講句公道話。只要有人希望能提醒自己，記住（或首次發現）數學是我們生活中的極重要部分，全部都是本書的目標讀者。

　　你是否曾經自問，為什麼公車一次就來三班？你小時候是不是也找不到四葉苜蓿，是否曾經因此感到挫敗？當你在離家好幾公里遠處巧遇老朋友，是否會暗自發笑，讚嘆怎麼會有這種巧遇？所有人對這類事件都很感興趣，而且其根本道理也都可以用數學來解釋。不過數學並不只是用來回答問題。數學也提供嶄新領悟，並能激發好奇心。賭博、旅行、約會、進食，甚至於在下雨時決定要不要奔跑，這些全都和

數學原理有關。

　　若有人完成學業之後就不再接觸數學，通常他們看到通俗和消遣數學方面的書籍，都會覺得很抽象難解。這裡我們很努力要把數學帶回日常現實生活，也因此本書的所有章節，都是從所有人都可能碰到的問題開始。我們是根據本身的興趣來選定題材，背後並沒有什麼偉大的邏輯架構。有些題材很容易讀懂，部分則必須略事思索。不過，無論你的數學能力程度如何，這裡都有豐富的材料供你咀嚼。

　　你在本書各處都可以找到機率論（probability theory）的實際用途，還有讓你吃驚的其他應用課題，好比正切、費波那契數列（Fibonacci series）、π、矩陣、文恩圖（Venn diagram）、質數等。我們希望你會與我們一樣，也覺得這些題材都很精彩又能啟迪思考。最重要的是，我們希望你能喜歡本書。

第 1 章

爲什麼永遠找不到
四葉幸運草？

童年時期的一項奇妙探險就是搜尋四葉幸運草了，除非你
有辦法在彩虹的另一端找到一罈黃金，否則就沒有什麼事
情比在泥土中發現四葉幸運草更來得神奇！不幸，尋找四
葉幸運草的願望通常都以失望告終，有誰能夠告訴小孩子
們，爲什麼在這大自然中四葉幸運草是那麼希罕？

《有趣的謎題···》
⊙四葉幸運草是自然界裡的數學大驚奇？
⊙費波那契數列、黃金比率、圓周率和圓······，它們與自然
　界的關係是······？
⊙爲什麼動物沒有輪子？
⊙蜜蜂的蜂巢爲什麼是六角形的？

自然界裡的數學大驚奇

　　童年時期的一項奇妙探險就是搜尋四葉苜蓿（four-leafed clover，亦有人稱之為四葉幸運草，苜蓿屬豆科植物，常見於溫帶和亞熱帶）！除非能夠在彩虹的另一端找到一罈黃金，否則就沒有更神奇的事情了。不幸，尋找這兩樣東西通常都以失望告終。孩子很容易就會放棄去找彩虹金罈，因為彩虹通常比好奇心更早消逝，不過搜尋四葉幸運草的挫敗就嚴重多了。這看來完全合理，某處總會有株帶四葉的苜蓿。但為什麼這在大自然中是那麼希罕？

　　你下次來到花園或鄉下時，不妨花點時間研究花朵。你會發現，花朵最常出現五花瓣。毛茛（buttercup）、錦葵（mallow）、三色菫（pansy）、報春花（primrose）、杜鵑（rhododendron）、番茄花（tomato blossom）、天竺葵（geranium）……等等，都是五花瓣家族的一員，這些只是少數例子，還有許許多多的花種都選定 5 片花瓣。就算是表面上具有 10 瓣的花朵，也可以再加細分為兩組 5 瓣，好比紅蠅子草（red campion）。

毛茛具有 5 片花瓣

　　種子也呈 5 顆排列。只要切開蘋果，很容易就能找到 5 的單位模式。切蘋果時，通常是沿著兩極連線切開果核，不過只要你沿著蘋果的「赤道」切開，就可以看到種子是排成漂亮的五角星形。切開梨子也可以看到相同圖案。

　　既然動物經常出現偶數（好比，動物通常是具有 2 腿、4 腿或 6 腿），那麼為什麼植物會出現這種奇數？花瓣為什麼不是比較對稱的 4 片或 6 片，卻要出現 5 片？

　　更深入鑽研就會導出其他和植物有關的數值，出現頻率還相當可觀。檢視鳳梨或松果，你就會看出鱗片是從頂端到底部呈螺旋狀排列。其中有兩道螺紋特別明顯：一道是順時鐘，另一道則為逆時鐘。鳳梨的螺紋圈數通常為 8 和 13，松果的則通常是 13 和 21，以及 21 和 34。觀察向日葵時也可以看到順時鐘和逆時鐘的螺紋，小花從花頭中央向外盤繞排

列。而順時鐘和逆時鐘圈數則通常分別為 34 和 55，以及 55 和 89。

13 條螺紋

8 條螺紋

研究鳳梨時會發現 8 和 13 都是重要數值

　　已經有人研究過各式各樣的花朵，辛苦計算其數量。結果顯示花瓣的較常見數量為 8、13、21、34 和 55，而且出現頻率超過相鄰的數量。具有 8 瓣的花朵比 7 瓣花或 9 瓣的花朵更為普遍。

　　某些數值的出現頻率超過其他數值，這個現象並非巧合。花瓣、葉片和松果之間確實有奧妙的關連，而且幾百年來，這個數學領域也一直引人遐思。

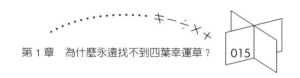

費波那契數列

　　有個很簡單的數列是以義大利人費波那契（Leonardo Fibonacci，1170-1240）的姓氏命名。這個數列是從 1 和 1 起頭，後續數字則各為前兩數之和。「費波那契數列」如下：

　　1, 1, 2, 3, 5, 8, 13, 21, 34, 55……以此類推

　　費波那契最初是在計算兔子問題。倘若以特定速率繁殖兔子，最後會得到幾隻。結果費波那契數列卻成為自然界的基本數列，遠比兔子的數量重要得多。或許你已經注意到，前面提到的花瓣和鱗片數量，都是費波那契數列。葉片也較常以 2、3 或 5 的倍數出現。苜蓿較常出現三葉，因此符合此模式，四葉苜蓿很少見。

　　不過，為什麼費波那契數列在植物界會這麼常出現？

　　追根究柢，這和費波那契數列以及古代文明奉若神明的奧祕數值都有連帶關係。那個特殊數字就是「黃金比率」。

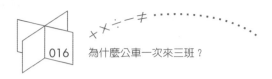
黃金比率

「黃金比率」（golden ratio）寫成「φ」，等於 $\frac{(\sqrt{5}+1)}{2}$。得數約等於 1.618。你看到這個數字大概不會臉紅心跳，不過這卻是自然界相當重要的數值。這是一種具獨特性質的矩形之長寬比。

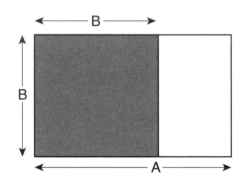

本圖所示為 A×B 的特殊矩形。從矩形切下 B×B 方形（如圖），剩餘的矩形部分和原來的矩形具有相同性質。這是黃金矩形的獨有特性。A 與 B 之比值為 1.618... 或以 Φ 表示。

黃金比率並不只出現於矩形。五邊形或五角星形全都具有這個比率，也就是說在蘋果中也有。

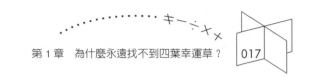

就以前面提過的蘋果星形圖案為例。你應該可以求出，星形的第 1 個和第 3 個尖端距離是相鄰尖端距離的 φ 倍（至少就理想星形以精密量尺測量，就會求出此數）。

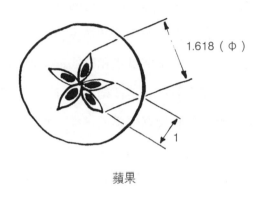

1.618（φ）

1

蘋果

不過 φ 的奇妙特性還不只於此。

費波那契數列中的任意連續數對之比都約等於 φ，例如：$\frac{3}{2} = 1.5$、$\frac{5}{3} = 1.6$ 等。順著數列愈往後走，數項比值就愈接近 φ。等到你計算 $\frac{34}{21}$ 得出 1.619 之時，該比值和精確值的誤差已經不到千分之一。這樣一來，費波那契數列和黃金比率就緊密相連。

現在就回到植物。你觀察許多種植物，都可以注意到葉片是分別從莖梗長出來。所有葉片通常都是採不同角度抽芽，順著莖梗往上看，葉片便呈螺旋狀排列。每片葉子都是

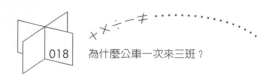

沿著莖梗轉開偏離前一片，其夾角通常是介於 137 度到 139
度之間。順便說明，只要在花園裡做個簡單試驗就知道了。
到苗圃去拔野草，第一株有 9 片葉子，彼此間隔繞了三圈多
一點。算出每兩片葉子的平均夾角約等於 139 度。

　　這個角度有什麼了不起的？稍後會為您揭曉，這和 φ 有
關，但又為什麼？追根究柢這和植物萌芽時的現象有關。所
有葉片和花瓣萌發時都只是個細小嫩芽。嫩芽是從莖梗逐一
出現。每株嫩芽都會儘量偏離前一株，這幾乎就像是相斥的
磁體。其中原因或許就是，每株嫩芽都希望能在成長時，獲
得最大的空間和最強的光線。因此，每株嫩芽都會指向和前
者不同的角度。

雜草的葉片繞莖螺旋排列

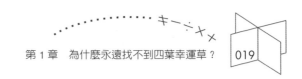
　　和 φ 有關的角度恰好就特別適合嫩芽成長，如此可以儘量地遠離前一株。360 度除以 φ 約等於 222.5 度角。而順時鐘的 222.5 度就相當於逆時鐘的 137.5 度，這就是一再出現於植物界的角度。

　　結果也發現，倘若每株嫩芽的萌發角度，都是由前一株轉動 137.5 度角，第 6 株就會產生有趣現象，如圖所示。

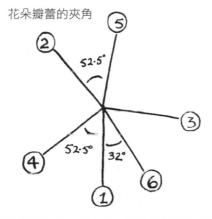

花朵瓣蕾的夾角

請注意，前 6 片瓣蕾的位置。第 4 片和第 5 片瓣蕾的萌發夾角，都會偏離上一圈的瓣蕾至少 52.5 度，而第 6 片和前一圈者則只偏離 32.5 度。

　　第 4 和第 5 片瓣蕾和上一圈的前一瓣的角度差，都至少為 50 度。然而，第 6 片和第 1 片的萌發偏離角度卻只有 32.5 度。你也可以說，第 6 片瓣蕾會被第 1 片稍微遮蓋。這就表

示，第 6 片瓣蕾所接受的陽光略少於其他瓣蕾，因此養分也
會較少。於是這時或許就要權衡，究竟該不該長第 6 片。是
否就是這樣，所有才有那麼多種植物長到第 5 片就停止？是
否有許多種植物本身都有規畫，不讓第 6 片嫩芽形成？這項
理論當然有其魅力，不過也似乎沒有人真的能夠理解全貌。

　　至此還只是簡略介紹了費波那契數列、黃金比率和數字
5 之間的奧妙關係。不過，植物的構造和數字的關係，説不
定和植物與本身基因的關係同樣密切。

　　或許就是由於黃金比率和植物有關連，才會在這麼多世
紀以來，都令人迷醉、受人崇敬。就連古埃及人也知道這個
比率，吉薩金字塔（Pyramid of Giza）的表面是由兩個均等
外形所構成的，其比例也非常接近黃金矩形。

　　然而，另外還有一種形狀，和大自然的關係更為密切。
其中也包含了幾種奧妙的比率。

圓周率和圓

　　田野、森林、海洋和天空四處可見圓形。種子、花頭、眼睛、樹幹、彩虹和水滴全都包含圓形。植物外觀也帶有圓形。長久以來，還有人認為植物是採圓形移動。（事實上，植物是採橢圓形移動，圓形是橢圓形家族中的特例。）

　　圓形很常見，因為這是種十分高效率的形狀，另外也由於圓形很容易產生。把柱子固定在田野中央，拴在柱上的羊就會儘量擴大吃草的範圍，也因此會把一圈草地吃掉。如果你想要用固定數量的籬笆材料，儘量圈出最大的面積，若是圍成方形效果也不錯，不過倘若圍成圓形，圈起來的面積還會更大，而且超過不只 25%。大自然通常都能夠以最佳方法來解決問題，畢竟它的練習時間非常充裕，也因此大自然能夠完全善用圓形。

　　圓周對直徑的比值稱為圓周率，並以「π」來表示。就連聖經時代就已經知道這大約是等於 3。你可參見《聖經 ‧ 列王紀上 ‧ 7：23》經文：

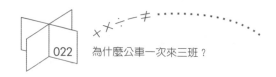

「他又鑄一個銅海，樣式是圓的，高五肘，徑十肘，圍三十肘。」

【知識補給站】

π 的部分奇異現象……

◎在數字 113355 中央畫條斜線，產生的比值幾乎就等於 $\frac{1}{\pi}$，$\frac{113}{355}$ = $\frac{1}{3.1415929}$。

◎在英文中，有個記誦 π 的好方法，對英語系國家的學生而言，記下這句口訣就像平常說話一樣簡單，但對台灣的朋友而言，就是一道背誦英文句子的功夫了，不見得能達到輕鬆記憶的效果，但讀者若仍有興趣想了解，可以試試下面的英文句子。在「Can I find a trick recalling pi easily?」（我能不能找到 π 的輕鬆記憶法？）句中，各單字的字母數組合構成 π，並精確到第七位：3.1415926。而就 $\frac{1}{\pi}$ 而言，則句子改為「Can I remember the reciprocal?」（我能不能記住反數），其得數為 0.318310，並精確到第六位。

◎許多優雅的數列都能產生 π。其中極單純的一種是：$(1 - \frac{1}{3} + \frac{1}{5} - \frac{1}{7} + \frac{1}{9} - \frac{1}{11}……) \times 4$，不過你要列出極長的數列之後，才能開始接近正確數值。

◎這個比率是於 1706 年得名，由威廉‧瓊斯（William Jones）率先稱之為 π。瓊斯的父親是威爾斯安格爾西島的農夫。

◎許多和圓毫無關係的重要公式中也都出現了 π，請見下文。

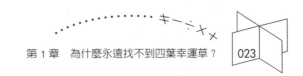

　　後來有些人就引述這段記載，並根據聖經永無謬誤論，辯稱 π 絕對是正好就等於 3。唉，其實不管是教義或立法都無法違背事實，π 就是略小於 3 又 $\frac{1}{7}$。事實上，這還是個無理數，也就是其值永遠無法以整數寫成單一分數來表示。

　　只要是和圓有關的一切自然現象，毫無例外都與 π 有關。然而，和圓的關係較不密切的現象也會產生 π。好比計時也會牽涉到 π。下面這首五行詩貼切道出鐘擺緩和擺盪一周所需時間：

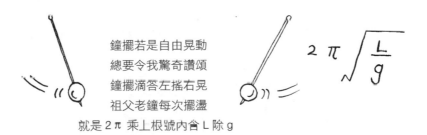

鐘擺若是自由晃動
總要令我驚奇讚頌
鐘擺滴答左搖右晃
祖父老鐘每次擺盪
就是 2 π 乘上根號內含 L 除 g

　　L 為公制鐘擺長度，g 為重力加速度，在地表約等於每秒加速 9.8 公尺。這項公式在任何行星上都適用，而既然 π 在宇宙各處均為常數，若要測得某行星的重力強度，就可以用鐘擺來簡單算出。擺長為 1 公尺時，在地表每秒滴答 1 次，在月球上時則每次擺盪需時 2.5 秒。

　　十八世紀的生物學家布豐（Georges Buffon）還發現 π

在自然界的另一種奧妙現象。把一根針從非常高處向平坦表面拋下，平面上預先畫了多條平行線，且彼此間距都正好等於針長，則最後那根針的觸線機率正好就等於 $\frac{2}{\pi}$（也就是約為 64%）。一百年後，數學家摩根（Augustus de Morgan）讓他的一位學生測出這項結果。那位學生拿針拋擲 600 次，結果觸線 382 次，得到 π 值為 3.14，可以說是精確得要讓人質疑。不過，倘若你被困在荒僻孤島上，而且必須儘量求出精確的 π 值，現在你就有種非常偏離正統的估計方法。只要你找到一根棒子，並在沙地上畫出平行線，接著只要計算次數就行了。提醒你，若想求出精確到小數點後三位數，你就要拋擲棒子好幾萬次。

發生這種狀況的機率是 π 除以 2

為什麼動物沒有輪子？

　　儘管圓形是自然界的重要成分，有處地方卻特別罕見圓形。圓形有種極為實用的功能，那就是人類歷來最大的發明之一：輪子。輪子為什麼是圓形的？其中一項原因是圓的直徑均等，因此可以平穩載運負重。然而，圓形並不是唯一具有固定直徑的形狀。先取一等邊三角形，從各角畫出圓弧和另外兩角相切，結果也會畫出固定直徑的形狀。這種形狀的功能和滾軸一樣好；不過輪子必須有軸，沒有軸就沒有輪子的功能。

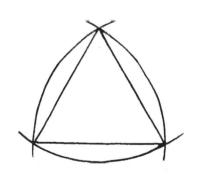

弧線三角形的直徑固定

　　和其他直徑固定的形狀相比，圓形有一項優點，那就是圓心和圓周上的所有點都為等距。這表示圓的軸可以固定於同一個位置。若輪子呈三角形，輪軸就會上下移動，因此並不實用。

　　輪子的最大優勢就是能節約能量。沿著地面推動石塊，石塊就會碾磨地面產生摩擦力。然而，輪子幾乎完全不會碾磨地面。這是由於，移動的輪子和地面接觸的部分，有瞬間是靜止不動。

【知識補給站】

為什麼 50 便士硬幣具有七邊？

　　所有具奇數邊的規律形狀都可以修成圓形，產生直徑固定的形狀。

　　50 便士（pence，英國的硬幣單位，100 便士等於 1 英鎊）硬幣具有七個圓邊，因此這種錢幣的直徑固定。這表示不管是採哪個角度把 50 便士投入投幣機，它都可以通過 50 便士檢驗。倘若硬幣是具有偶數邊，其直徑就不可能固定。這就是為什麼所有現代硬幣，全都為圓形或具有奇數邊。

【知識補給站】

火車輪之謎

火車移動時，哪個部分是永遠靜止，哪個部分是始終與火車本身反向移動？

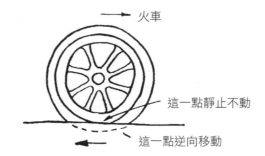

→ 火車

這一點靜止不動

這一點逆向移動

輪子和鐵軌的接觸點部分靜止不動。位於鐵軌面之以下的車輪凸緣部分會反向移動。

不過，倘若輪子的效率那麼高，那麼為什麼動物身上沒有長出輪子？看來動物已經發現了圓形的所有其他可能效益，因此，為什麼我們在澳洲沙漠看不到袋鼠用兩個輪子四處巡行，卻要浪費能量用腿跳躍？最可能的理由是，輪子必須有軸；倘若動物身上長出輪子，牠也會需要軸。這種軸也會需要帶有肌腱和血管，於是在轉動幾圈之後，就會徹底糾結在一起。

同時，卵很容易就能滾動，這在輪子是種有利條件，對卵卻是種缺點。卵的橫切面通常呈圓形，因為倘若卵是方形的，恐怕不管哪種鳥產卵時都要掉眼淚。然而，倘若你在地面輕輕滾動雞蛋，你就會發現雞蛋像回力鏢一樣滾回你身邊……滾動路線還真令人費解，看來就像個圓形！

蜂巢形和六角形

　　圓形在另一種狀況下並不理想。要圈出區域時，圓形的效率或許最高，不過若是把圓形彼此堆疊，這時就會浪費許多空間。

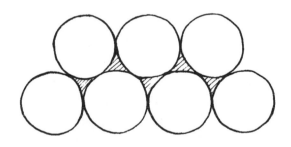

層層堆疊的圓形會出現無效空間

　　大自然特別擅長填充包裝和維持強度，這種現象以蜂窩最為明顯。倘若把圓柱形按照圖示排列，經過擠壓，圓圈就會變形成為緻密的六角形網絡。蜜蜂採用這種形態並非巧合。蜜蜂肯定會想要替自己建造圓形巢室，因為圓形十分結實，不過蜜蜂也不希望浪費空間或蜂蠟。六角形是理想的妥

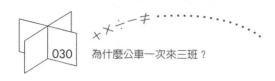

協作法。正多角形的邊愈多（也就是愈高層級的多角形），給定周長所能圈入的面積就愈大。六角形比方形和三角形都好，卻不如七角形、十角形或圓形。然而，若想要鋪設地磚並不留下任何縫隙，那麼六角形就是層級最高的實用正多角形。因此六角形陣列的效能最高，能以最少材料製成最結實的構造。

接下來要完成大自然循環……

最後就蜂窩再提出一點奇聞軼事。

以下所示蜂巢的巢室分別標示為 A、B、C、D……假定蜂巢中有隻蜂后在兩列巢室之間由左向右移動。蜂后由 A 室開始，牠只能沿著一條可行路徑前往 B 室。由左向右前往 C 室則有 2 條。一條從 A 向 C 移動。另一條則是 A-B-C。接著考量 D 室。蜂后可以採 A-B-D、A-C-D 或 A-B-C-D。換句話說，牠有 3 條可行路徑。前往 E 室有 5 條可行路徑，前往 F 室則有 8 條。

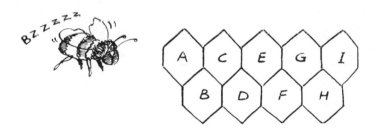

這裡就出現了一種型態：1、2、3、5、8……於是我們又回到費波那契數列了！到頭來，一切事物又都自然要回到起點。

第 2 章

Königsberg Bridges in 1763

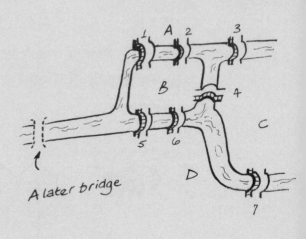

A later bridge

走路也有大學問！

清道夫、郵差和導遊都要避免兩次通過相同路徑，他們在
尋找的便是著名的「尤拉環道」。尤拉環道起因於尤拉對
柯尼斯堡人流行的一種消遣感到好奇，柯尼斯堡人嘗試通
過所有橋梁並走完一圈，且不得跨越任何橋梁超過一次，
這項看似簡單的活動，結果卻證明絕非雕蟲小技！那麼，
路該怎麼走才對呢？

《有趣的謎題...》

⊙ 柯尼斯堡道路之謎究竟是……？

☺ 「拓撲學」與倫敦地下鐵間也有關係?!

⊙ 瓦斯查表員該怎麼走最省時？

⊙ 旅行推銷員最想解決的問題是什麼？

⊙ 迷宮有兩種……？

⊙ 曼哈頓的計程車司機如何估算出正確的最短距離？

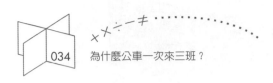

柯尼斯堡道路之謎

　　波羅的海沿岸有立陶宛和波蘭，兩國之間嵌入了一片俄羅斯領土，稱為加里寧格勒省（Kaliningrad Oblast）。省內的加里寧格勒市是個工業港，不管從哪個角度來看，那裡都很單調。該市在二次大戰期間先是被盟軍轟炸機摧殘，後來則被入侵的蘇聯部隊荼毒。如今所見的灰色粗劣公寓建築，則是在戰後匆促建成。原先座落於此的普魯士優美都市柯尼斯堡（Königsberg）幾乎是蕩然無存。不只是熱愛建築的人士深感悲痛，懷舊的數學家也感到惋惜，因為歷來最偉大的數學家之一，尤拉（Leonhard Euler），就是因為十八世紀柯尼斯堡的規畫，才解答了一道難題，最後還促成兩個數學新領域，分別稱為「拓撲學」[1]（topology）和「圖論」[2]（graph theory）。

註 [1] 拓撲學名稱起源於希臘語 topology，主要是研究因數學分析而產生的幾何問題。今日，拓撲學主要研究拓撲空間在拓撲變換下的不變性質和不變量。

註 [2] 圖論屬應用數學的一部分，主要以圖為研究對象。圖論中的圖便是由數個給定的點及連接兩點間的線所構成，透過此種圖形來描述事物間的特定關係。

　　柯尼斯堡座落於普瑞格爾河畔（Pregel）。有七座橋梁連接兩座島嶼和河川兩岸，如圖所示。

1763 年柯尼斯堡的橋梁

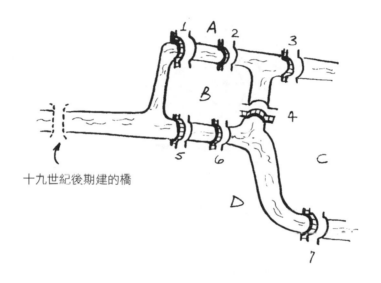

十九世紀後期建的橋

　　當地居民流行一種消遣，嘗試通過所有橋梁走完一圈，並不得跨越任何橋梁超過一次。當時的人知道怎樣才能自得其樂。

　　這項活動看似簡單，結果卻證明這絕非雕蟲小技。想像某個週日下午，一位柯尼斯堡人外出散步，卻愈來愈感到挫敗。「1、2、3、4、5、6⋯⋯錯了！1、5、7、4、2、3⋯⋯天打雷劈喔！」事實上，當尤拉第一次聽到這回事

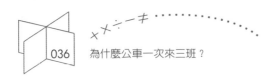

時，還沒有人找出這道難題的解法，他深感興趣並開始研究，結果證明這不可能有解。

尤拉把地圖轉換為網絡圖來分析這道問題。

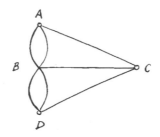

柯尼斯堡的橋梁網絡

網絡是以線條連接點群構成。乍看之下，上一張地圖和這張網絡圖並不相像，不過就數學家的說法，兩者是完全等價。也就是說，兩圖是拓撲等價的圖示。

標示 A、B、C、D 的點分別代表河川北岸、南岸（A 和 D）和兩座島嶼（B 和 C）。線條代表串連 A、B、C 和 D 的七座橋梁。有兩座橋梁連接 A 和 B，兩座連接 B 和 D，一座連接 B 和 C，一座連接 A 和 C，另外一座則連接 C 和 D。

尤拉把點或節點區分為「奇」、「偶」兩種。奇節點表示有奇數線條從該點外延，偶節點則表示有偶數線條向外延伸。除了柯尼斯堡之外，尤拉還研究了許多網絡，他證明：

【知識補給站】

從倫敦地下鐵看拓撲學

　　所有人都體驗過這門學問，卻不見得知道那就是拓撲學。倫敦地下鐵地圖是最好的範例。這是現代數一數二的偉大設計，在倫敦搭乘地鐵絕對不會找不到路。「搭棕線到牛津廣場，換乘藍線搭兩站到維多利亞。」

　　圖示的簡潔網絡是由直線和等距車站所構成，看來和倫敦真正的地鐵路線毫不相像。如果你是根據普通地圖來描繪，倫敦的地下鐵路線，看來就像隻腿肢散亂的笨拙蜘蛛，右下角則幾乎沒有東西。不過真正和旅客有關的事項是車站順序和隧道路線的交點。這看來就像是把實際地圖畫在橡皮上，接著擠壓拉扯成為較好用的形狀，而這就是拓撲學！

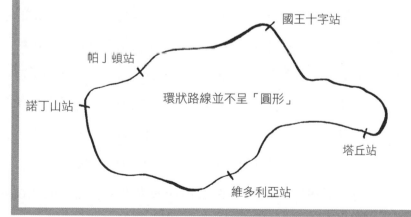

　　若各條路徑都只能通行一次，則唯有當環道中沒有奇節點或具有兩個奇節點時才能辦到。若為其他任何狀況都必須反覆通行，否則就無法走完網絡。

　　他還發現：若有兩個奇節點，那麼穿越環路的路徑就必須從奇節點之一開始，並以另一個為終點。

　　柯尼斯堡謎題終於出現證明。所有 A、B、C、D 四個節點全都是奇數的，因此根據尤拉第一定則，不可能有任何走法能夠解答原始問題。

　　第八座橋梁在十九世紀後期建成，座落地點如第 35 頁的圖所示。究竟創建這座城市的元老是要為旅客改寫該市的謎題，或是由於當時交通壅塞所致，原因並不清楚，不過這樣一來，柯尼斯堡便「尤拉化」了。如今已經有可能不反覆通過橋梁便能完成旅程。其原因是，奇節點已經減少為兩個，不過根據尤拉第二定則，這就表示想要通行環道的人，必須從 B 點起步並在 C 點結束，或也可以反向通行。

　　可嘆，1944 年的空襲把老橋炸毀大半。然而，從往後繪製的地圖可以看出，顯然已經有五座跨河橋梁重建完成，於是市中心區就像這樣：

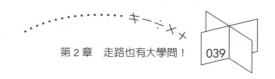

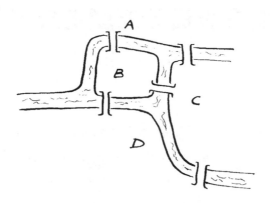

加里寧格勒（柯尼斯堡）橋梁圖（現況）

　　看來加里寧格勒又再次尤拉化，好比採 B-C-A-B-D-C 路線行進。俄國人是不是故意這樣做的？

瓦斯查表員該怎麼走最省時？

　　柯尼斯堡人通行「尤拉環道」（Euler circuit）只是為了好玩。不過，在許多狀況下，不反覆通行來完成旅程就是比較嚴肅的目的。

　　倘若郵差或瓦斯查表員採取的路線並不反覆通行，就可以節省寶貴的時間。現代世界最看重效率，經理人採用尤拉環道來協助他們找出捷徑。以色列有個很好的例子，當地的主要電力分公司希望提高查表員的工作效率。某個地區需要24 位員工各自負責一個段落，才能完成整個街道網絡的查表工作。管理當局開始設法縮減查表所需人力。

　　研究這項問題的人為每位查表員調整街道規畫，儘量把奇節點都改成偶節點。結果完成了一套效率更高的路線，成效驚人，整個街坊的查表工作所需時間縮減了 40%。現在只需要 15 名查表員就夠了，其他 9 名肯定要詛咒尤拉，為什麼他要發現柯尼斯堡解法。

　　負責規畫各種導遊行程的人對尤拉環道都會感到興趣，不過或許他們並不自知。導遊帶團在繁忙城鎮觀光時，沒有

【知識補給站】

紙筆挑戰

　　這是孩童一向都很喜歡的謎題。右邊是農莊大門圖。

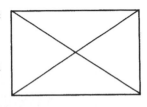

　　鉛筆不得抬離紙面，也不許反覆畫過同一條線，是否有辦法一筆畫完本圖？

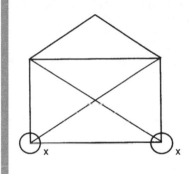

　　既然已經知道尤拉定則，你就可以證明不可能一筆畫出這幅圖，因為圖中有 4 個奇節點。然而，只要改變謎面形狀，畫成如左圖所示，這時就有可能畫出。條件是你要從標示 X 的兩個奇節點之一開始。

　　人會想要引導旅遊團重走遊覽過的道路。若是在堂皇宅第參觀，裡面的通道太過狹窄，隊伍難以雙向通行，這時問題就更嚴重了。室內參觀多半只限單向通行！這就會牽涉到導遊可以使用哪些出入口，還有哪些則要保持關閉。

　　掃街車分兩次清理道路兩側溝道時，還會碰到更複雜的問題。不過，這些問題都可以採用尤拉定則的改良形式來分析解決。

旅行推銷員的路程煩惱

　　清道夫、郵差和導遊都要避免兩次通過相同路徑，這表示他們在尋找尤拉環道。另外還有種路徑與此有細微差異，也就是「漢密頓環道」（Hamiltonian circuit）。採行漢密頓環道的人，每個節點都只能通過一次，不過不見得要通過所有路徑。

　　這裡提出一個例子。假定馬克負責銷售紡織機，在轄區縣內有 3 家潛在客戶。今天他希望全部登門拜訪。圖示為 3 家客戶的位置。

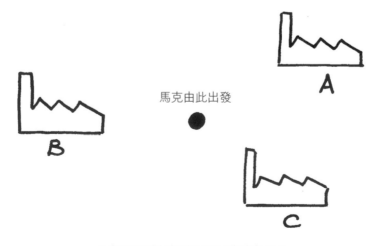

馬克拜訪所有客戶的最短路線為何？

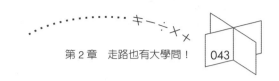
馬克有不同選擇。他可以採 ABC、ACB、BAC、BCA、CAB 或 CBA。實際上這些全都是漢密頓環道，因為馬克分別拜訪網絡中的每個「節點」恰好各為一次。不過馬克還有個問題。他希望知道其中哪一條是最短路線，如此他就可以減少里程，並儘量延長待在客戶位置的時間 [3]。

馬克要拜訪 3 戶，共有 6 種可行的漢密頓環道。他有 6 種選擇，數量很少，可以迅速把不同環道的各目的地間隔距離相加，並確立最短路線。

要找出有幾種環道，最快的作法就是計算節點數目，就本例為 3 種。把遞減數列依序相乘 3×2×1，這可以寫成 3!（或稱為 3 的階乘）。若有 4 位客戶則為 4×3×2×1，或有 24 種不同環道。

階乘用驚嘆號來表示是實至名歸，因為等到有待訪問的客戶數目提高到區區 10 家，可採行的不同環道就為 10! 或達到 3,628,800 種。檢查哪條路線最短必須用上電腦，否則就完全辦不到。而且環道的數量還會以驚人速率提高。就算只有 20 家客戶，數量也已經十分龐大（超過 10 萬兆），並超過

註 [3] 最常見的問題是每個地點只拜訪一次，並不規定終點。馬克的狀況很特殊，因為他希望在完成環道之後回到家中，因此除了拜訪客戶之間的旅程之外，還要加上最後一段行程。

【知識補給站】

單連式與複連式迷宮

　　古希臘時代已經有迷宮和迷津，或許更早之前就已經出現並延續到現在。時至今日還比以往更受歡迎。英國最著名的迷宮位於漢普頓宮，這可以回溯至十七世紀。底下為該迷宮圖示。

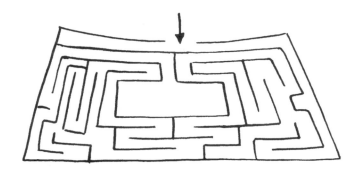

　　迷宮可以分為兩類，「單連式」（simply connected）和「複連式」（multiply connected）。漢普頓宮的迷宮屬於單連式。這表示解謎時，只要一手接觸一道牆面（左右均可），全程都不脫離牆面就可以走完迷宮。但是這並不保證你能夠沿著最短路線走到中央，不過最後還是會走到出口。

　　複連式迷宮區分為不同獨立範圍，各範圍彼此隔絕且沒有牆面相連。這表示以手觸牆的簡單作法並不靈光。你進出迷宮時並不需要抵達中心點。複連式迷宮有種既定解法，這在十九世紀後期就已經發現，不過說明篇幅過長，這裡不提（而且道破訣竅不就會有點掃興嗎？）。

普通電腦的能力，無法評估所有的可行路線。若有人要遞送包裹到 60 家客戶，可行路線會達到天文數字。

因此，漢密頓環道和尤拉環道並不相同，要找出漢密頓環道中的最短距離看似簡單，實際上卻非常難解。這完全是由於階乘計算十分龐雜，就算是小數字也是如此。事實上，至今數學家還沒有徹底解決「旅行推銷員問題」（travelling salesman problem）（這就是「馬克問題」的通俗名稱），目前還沒有發現概括的解法，也無法擔保能找出通過系列目的地的最短路線。

這對許多行業而言似乎都是個打擊，不只是推銷員，還有其他的實例，包括：要運送啤酒到各酒吧的釀酒廠、要外出看診的醫師，當然也包括外出購物的一般大眾。幾乎所有人都會浪費些許汽油或片刻時間，因為最佳的解法通常都很難尋覓。

所幸，事情也不見得都是這樣愁雲慘霧。旅行的人可以採用幾種技巧，來找出接近最佳途徑的路線。其中一種是天生的人類常識，用肉眼挑選前往 10 個目的地的環道，通常都和最短距離相差不到 20%。

若想確保結果更為精確，那就要用上電腦。電腦程式設計師有多種可用技巧，不過沒有一種可以輕鬆說明。或許最

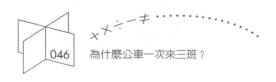

單純的方式就是根據一般所說的「貪心演算法」[4]（greedy algorithm）來進行。現在我們就以接下來的網絡為例。

用電腦找出距離最短的兩個節點（本例為 D 和 E），並串連兩點納入路線。接著再用電腦找出次接近的成對節點（A 和 D）並把兩點串連起來。一旦電腦發現，最接近的成對節點會產生封閉迴線，好比把 A 和 E 相連就會產生這種現象，這時就放棄這個選項，並尋找次接近的成對節點（A 和 B）。讓電腦繼續做下去，直到每個節點都和另外兩個串連並完成環道。就多數網絡環道而言，這項技術所產生的結果，和最短可能距離通常都相差不到 10%。不過這並不保證能夠找出最短路線。

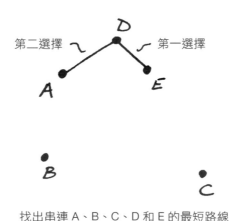

找出串連 A、B、C、D 和 E 的最短路線

註 [4] 也有人稱之為「貪婪演算法」，在面臨選擇時，就選擇最有利的那個，而不去考慮可能的不良影響。

斯特靈的絕妙公式
──輕鬆求出 N 階乘近似值

十八世紀的斯特靈（James Stirling）想出一種嚇人的公式來估計 N!（N 階乘）。

公式為：

$$\sqrt{2\pi}\, N^{(N+\frac{1}{2})} e^{-N}$$

這個公式有兩點很有意思。首先是結果異常精確，若是用來估算 10 以上的階乘，則結果誤差會遠低於 1%。第二是公式出現了兩個重要數值，π 和「e」（可參考第十七章的介紹），卻沒有明顯理由。

另外還有些技術的效率更是遠高於此，保證電腦能有 98% 的機率可以找出最短路線。嶄新技術不斷問世，如今已經有指望能夠發明藉萬物的 DNA 來運作的「生物電腦」，或許這可以促成極端高效率的方式，來解答網絡問題。不過，數學家都喜歡能夠完美解答問題的純粹本質，實際用途並非所求。也因此旅行推銷員問題才始終都這麼具有挑戰性。

曼哈頓的計程車司機如何估算出正確的最短距離？

　　日常生活經常出現「帕斯卡三角」（詳見第 50 頁），包括曼哈頓街道。計程車司機在網格狀道路系統開車時，可以選擇不同路線，通過最短距離來抵達同一目的地。就以下圖的 3×1 網格為例，計程車司機要從 A 開到 B。這裡有 4 條可行路線，距離全都相等：

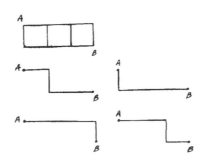

　　倘若路線是穿越 2×2 的網格，計程車司機就有 6 條可行路線，距離全都等於 6 條街道長度。

　　事實上，最短距離的可行路線數目，始終等於帕斯卡三角中的某數，而且只要你檢視計程車司機從點 A（美洲大道

和第 35 街的交口處）前往其他任意路口的可行路線（我們在這裡並不理會單行道！），就可以清楚看出這層關係。

　　請注意在本例中，沿著矩形道路的可行路線會導出帕斯卡三角。第一章中沿著六角形的可行路線則會導出費波那契數列。

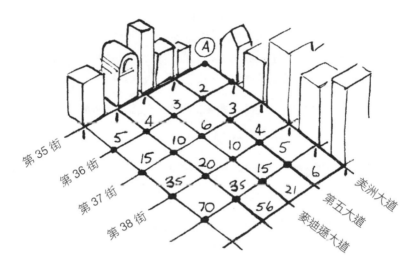

【知識補給站】

帕斯卡三角

帕斯卡三角（Pascal's triangle）是種漂亮的數字模式，通常是在中學低年級階段講授。請看接下來的圖示即呈現這種三角：

$$
\begin{array}{ccccccc}
 & & & 1 & & & \\
 & & 1 & & 1 & & \\
 & & 1 & 2 & & 1 & \\
 & 1 & & 3 & & 3 & & 1 \\
 & 1 & 4 & & 6 & & 4 & 1 \\
1 & & 5 & & 10 & & 10 & & 5 & & 1 \quad etc
\end{array}
$$

要求出三角中的數字，只需要把上層的兩個數字相加即可（不過端點數值例外，那始終都等於 1）。

第 3 章

問卷調查的真相

抽樣法是根據少數人的回答,而估計出有多少人在做什麼事情的科學。我們日常所處理的許多(甚至於所有的)統計量,都不必達到極精確程度。只要妥當執行,小樣本就可以產生出異常精確的估計值。

《有趣的謎題⋯》

⊙我能相信收視率調查嗎?
⊙訪問的樣本人數足夠嗎?
⊙樣本的選擇與統計結果有關嗎?

我能相信收視率調查嗎？

　　根據報紙刊出的官方數字，有 1680 萬人在 1997 年 9 月 29 日收看《加冕街》[1]（*Coronation Street*）節目。這個數字相當龐大，約等於英國的四分之一人口。

　　不過稍等一會兒！他們怎麼知道的？有沒有人上門問你是不是在收看那個節目？有沒有間諜在所有人的窗口向內偷窺？獨立電視公司是否有某種裝置，可以偵測出有多少台電視機，正透過網路吸收他們的訊號？所幸，並沒有老大哥在監視你。獨立電視公司是借助於數學方法分析，才知道有多少人在收看他們的節目。而「1680 萬」這個數字，則是根據抽樣數學求得的。

　　抽樣法是根據少數人的回答，而估計出有多少人在做什麼事情的科學。嚴格而言，抽樣並不能保證都會產生真實的

註 [1] 英國（或者是全世界）電視史上播映最久的連續劇，自 1960 年 12 月開播，據說也是英國女王最喜歡的連續劇。該劇設定的場景是在英格蘭西北部曼徹斯特鄰近，一個稱為威勒菲爾德的虛構小鎮，故事主要是描述勞工階級生活上的喜怒哀樂。

答案。倘若獨立電視公司希望知道精確人數，那麼他們就沒有選擇餘地，必須通盤監看英國所有的家家戶戶，然後才能算出某晚有多少人在收看《加冕街》這個節目。然而，其中成本就會遠遠地超過他們的預算，因此這個作法並不可行。再者，又有誰會需要知道精確答案呢？就算實際觀眾人數為 1660 萬，不是 1680 萬，節目還是會照樣播出。我們日常生活中所處理的許多（甚至於所有的）統計量，都不必達到極精確程度。只要妥當執行，小樣本就可以產生出異常精確的估計值。

　　抽樣調查市場很大。光是英國就有好幾百家研究公司，調查我們吃的、看的、到哪裡去旅行……，還有我們對種種事項的看法。那麼，抽樣到底是怎樣進行的呢？

　　你不用去詢問全英國 5600 萬人，只要請教其中少數，結果就可以非常接近正確答案。至少，只要樣本數夠大，而且其組成與全部人口的輪廓吻合時（以避免偏誤），結果就會極接近。

　　不過最重要的是，受訪者必須照實回答……

撒謊數學

　　多數調查研究的訪問對象都沒有什麼理由要撒謊。倘若有人詢問，上週是否購買罐裝白扁豆燒醃肉，受訪者大概都會據實以告。不過，由於人的記憶會變把戲，因此答案或許並不精確。

　　然而，就其他狀況而言，有時就不能忽略撒謊的問題，否則做民意調查的人就要倒楣。不過，請教某些特殊議題時千萬要心存質疑，包括：受訪者的收入、性活動或近幾年來浮現的政治議題。有關於英國 1992 年大選的投票問題相當著名，讓許多行銷研究公司顏面盡失。選舉轉播開始之後，主持人先根據投票日之前的民意調查結果提出預測，認為跡象顯示，工黨有相當把握會贏得大選，卻沒有政黨能在議會獲得多數席位。

　　然而，他們卻不知道，調查研究忽略了一項數字畸變。結果是支持工黨的投票人都很高興透露自己支持的對象，而許多保守派人士卻並不願意透露真相。他們覺得，坦承支持保守黨會讓自己顯得自私或貪心。有些支持保守黨的人表示

【知識補給站】

選舉撒謊了?! 證據在這裡！

英國1992 年大選之前的所有選舉民意調查，全都低估了保守派票數，誤差至少達到了 4.5%。就連「國家民意調查集團／英國廣播公司」（NOP/BBC）做「投票所外選後民意調查」，訪問剛踏出投票所的選舉人，最後還是得到低估值。結果如下：

	保守黨	工黨	自由民主黨
NOP/BBC	40%	36%	18%
實際結果	43%	35%	18%

根據當時所採用的抽樣技術，保守黨所獲票數應該是介於37%～43% 之間。實際結果只沾到邊。這可以導出三種不同結論：（1）調查公司倒楣，他們沒有選對樣本；（2）樣本並不能妥當代表一般大眾；（3）受訪者沒有照實回答。

他們會投給工黨，另有些受訪者則乾脆拒絕回答。總結起來，這就表示所提出的數字錯了，錯得離譜。事實上，投票結束之後，保守黨不只贏得大選，還在議會中占有絕對多數席位。

　　不過，撒謊不見得就表示想要欺騙他人。人偶爾會撒謊自欺，因為對自己坦承真相會很痛苦。收看電視同樣也有這種現象。若有民眾發覺自己上週花了 35 個小時看電視，他可能還不願意面對自我，承認本身就是這種沙發馬鈴薯，因此他便在「21-30 小時」選項上打勾。

　　多年前的一項調查研究就是個有趣的例子，當時研究人員用數學方法就可以確認，他們所得到的答案並不是實情，那是有關於男女性習慣的調查。那項調查研究有個題目是要受訪者回答，他們曾經和幾位異性上床。男性的平均答案為 3.7。女性的平均答案為 1.9。既然這項調查研究是採取有代表性的大樣本，兩性的回答應該相等。畢竟，若有位男性和某位女性上床，那麼那位女性當然也和那位男性上床，因此兩性次數都應該添加一筆。研究人員得到結論，顯示男性通常會誇張曾經與自己共眠的伴侶人數，而女性則偏向略微修低那個數字……[2]

　　統計學家必須設計合宜的技術，來辨識、消除撒謊所造成的扭曲。

　　研究人員碰到棘手問題之時，可以運用一些數學把戲來

註 [2] 這不是唯一的可能詮釋，好比也可以解釋為：兩性都誇張或都低估。另一項
　　解釋為：女性比較會覺得那種經驗不要記住也罷。

協助獲得答案。越戰期間，美國官方想要知道，部隊中有多少人在使用毒品。然而，稍有頭腦的士兵，都不願意承認自己在使用毒品，那可是違法行為。那麼，研究人員要怎樣探得真相？他們使用類似以下所述的技巧。研究人員拿了一個袋子，裡面裝了三張卡片並拿給士兵看。三張卡片上是：

士兵伸手隨機掏出一張卡片，並不必讓研究人員看。接著他就在答案卷上勾選「是」或「否」。

倘若他勾的為「是」，那或許是由於他掏出的卡片上有個黑色三角形，也可能是由於他選到的是有關於禁藥問題的卡片，同時他也坦承自己在用毒品。研究人員不可能知道真正原因，也因此那位士兵不可能受到牽連，這就表示他應該比較會據實以告。

底下就是巧妙的部分了。假定研究人員以這種作法訪問

了 1200 位士兵，而且在調查完成之後，結果顯示有 560 位針對卡片上的問題回答「是」。平均而言，有 400 位所挑出的卡片上有三角形，400 位選到了沒有三角形的卡片，另外 400 位則是挑出了有關於禁藥的卡片。這就表示在那 560 個肯定的答案之中，約有 400 個是在回答三角形的問題，於是剩下的 160 個就是有關於禁藥的答案。因此，最佳估計量就是 400 位士兵當中有 160 位在使用毒品，相當於 40%。

　　這只是簡略說明行銷研究人員會採用的作法，而且這裡的數字是我們虛構的。無論如何，美軍士兵的確接受了這類調查，結果也顯示越戰期間的美軍士兵，確實有許多人使用禁藥。

訪問的樣本人數足夠嗎？

「最近一項測試顯示，80% 的養貓人士表示，他們的貓比較喜歡毛爪牌貓餅乾。」看來相當引人注目，而且假定你也養貓，當你在貨架上看到那個產品，很可能也會買來試用。不過，倘若你發現這項「測試」實際上只請教了 10 位養貓人士，那麼你的信心恐怕就不會那麼堅定了。

這項結果推論過度，很難令人相信每 10 位養貓人士當中，就會有 8 位是愛用毛爪牌的顧客。事實上，倘若研究人員重複這項測試，結果就會不斷改變。或許會得到 20%、50%、30%，0% 或 80%。於是他們就會根據最後一項結果，據實說明「最近一項測試顯示，有 80% 的貓偏好毛爪牌」。

調查訪問的人數愈多，所得答案愈接近事實，這點毫不令人驚訝。針對 100 位受訪者調查所得結果，應該比訪問 10 位所得結果更精確，而且訪問 1000 位的也還要更精確。推到最上限，倘若全人口都接受訪問，那麼結果就肯定會完全正確。

　　你需要採用多大的樣本才足夠呢？那就要看所謂的足夠是指什麼意思，同時也要看你是在測試什麼。就常見的調查研究而言，詢問 1000 個人大體上就足夠，所得結果可以精確到 5%。一般民意調查或測試有多少人看過某個廣告，都是如此。

　　不過卻有例外。1930 年代，美國當局希望測試脊髓灰質炎（小兒麻痺症）疫苗的功效，因此為 450 位孩童注射疫苗。此外還有個接受監視的控制組，包括 680 位孩童，都沒有接受疫苗注射，而且背景輪廓和試驗組相當。不久之後脊髓灰質炎嚴重爆發。接受預防注射的 450 位孩童都沒有患病。沒有預防保護的 680 位也沒有人感染。實驗結果無法證明任何現象。就算是疾病嚴重爆發，脊髓灰質炎的感染率還是相當低，若要使控制組有機會出現脊髓灰質炎病例，研究人員所採用的樣本數就必須達到好幾千，當然那次實驗的結果完全沒有用。

　　統計學家有種作法，可以精確說明他們對調查研究結果的信心有多高。就以那項貓食調查為例，80% 的人表示他們的貓偏愛毛爪牌。若要正確呈現研究結果，就不能只提出一個數字，而是要採用統計方法來說明其數值範圍。倘若有1000 位養貓人接受調查，那麼統計學家就會表示：

【知識補給站】

高斯的望遠鏡與抽樣誤差

　　數學家高斯（Gauss，1777-1855）也熱心做天文學研究。他得到一具新望遠鏡，並決定用來觀測月球以計算直徑，如此應可獲得比較精確的數值。結果令他驚訝！他發現每次做出觀測，答案都有些許差異。他把結果標繪成圖，結果畫出一道鐘形曲線，多數結果都接近中央平均值，偶爾卻也出現相當不精確的答案。

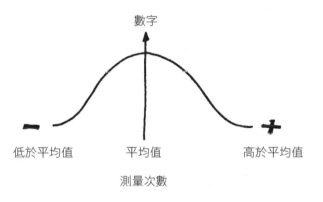

　　高斯很快了解，他所做的一切觀測都是很容易犯錯的「樣本」，卻可以據此來估計正確答案。他取得的讀數愈多，平均值就愈接近正確讀數。他認定讀數誤差都可以納入一條曲線，而且在曲線的複雜公式當中，也包含了 π 和 e。這兩個數值又出現了！

「真正數字是介於 77% ～ 83% 之間，信心水準為 95%。」

這項陳述很容易被誤解。引號中的那句話是指：「實際數值是介於 77%～83% 之間，我們這樣講或許正確，不過那項答案有二十分之一的機會要落於那個範圍之外。」

現在，民眾已經聰明得多了，不再那麼相信用小樣本來「證實」某項結果的把戲，不過狀況依舊持續。管理顧問公司經常進行企業現況趨勢調查研究，並發布新聞稿宣稱「70% 的公司認為，輸出是成功的關鍵」。

由於這類調查都採用小樣本，誠實的公司會這樣講：「我們有把握認為，50% ～ 90% 的公司，認為輸出是成功的關鍵。」不過這樣講會很無聊，也不會有報紙願意刊載。

樣本的選擇與統計結果是否有關係？

　　做了調查研究、抽取了大樣本，也採用了巧妙的技術，就是為了確保所得到的答案都是實情。不幸這樣還不夠，還不能肯定調查結果必然精確。所抽取的樣本還必須能夠代表全人口。

　　一家大型行銷研究公司接受委託，測試民眾對新推出的罐裝白扁豆豬肉香腸的反應。他們選定倫敦某區來做調查，不但地點方便、收入階層有代表性，還包括了不同的年齡層。就各方面而言全都沒有偏誤，只除了一項例外。調查範圍恰好就是戈德斯格林區（Golders Green）。該區的猶太族裔比例很高，因此不喜歡豬肉香腸的比例也相對較高。

　　這時，樣本有多大就毫不相干，一旦樣本偏頗，那麼無論是訪問了多少人，偏誤也絕對不會消失。行銷研究的重要技巧之一，就是要找出能夠通盤代表全人口的樣本。

　　有種常用的隨機抽樣法，使用電話簿並每間隔 100 筆就挑出一個樣本。這是種廉價的抽樣法，針對一般大眾而言也

是完全適用，好比用電話調查來找出，哪種穀片品牌最受一般民眾歡迎。然而，倘若是要詢問民眾的工作類別，恐怕最好是不要採用這種調查法。在家庭住戶裡，誰比較可能去接電話？是全職母親或都會律師？都會律師的工作時間或許都相當長，因此你幾乎不可能碰上他們待在家中。而且就某些專業而言，電話簿的代表性也嚴重不足。在此舉個極端的例子，有幾位電視節目主持人會把自己的名字刊在電話簿上？

　　偏誤的來源是千奇百怪、包羅萬象的。護士經常測量病患的脈搏 20 秒鐘，接著就依比例擴大為每分鐘速率。事實上，這時護士就是在抽樣，而且所抽取的時間樣本，很可能並不能代表該病患的正常狀態。美貌女護士抓住健康年輕男士的手腕，會產生極端扭曲的脈搏心率，特別是在前 20 秒鐘。倘若病人天生容易緊張，而且剛才還有人說明，他的身體可能有病，於是測量結果也會產生偏誤。

　　還有種調查很容易產生偏誤，那就是流行音樂排行榜所採用的作法。或許你根本就不知道，記錄排行榜是抽樣產生的。製作排行榜的人並沒有全面監視國內所有的 CD 販賣店，而是指定幾家商店來作為調查對象。他們累計這些商店所銷售的 CD 數量，接著就根據樣本所得結果，按比例放大來當作全國的銷售數字。

　　也難怪排行榜商店都發誓要保密，因為一旦音樂製作公司知道哪些商店被納入計算排行榜，他們立刻就會派遣員工到那些販售店去購買 CD。這樣就會使他們的排行竄升，接著就會有更多媒體報導，隨著報導內容增加，就會實際提高銷售額。流行世界以宣傳為第一要務。因此（據說）音樂製作公司才會投注大量心力，刺探哪家商店被納入製作排行榜。有家音樂製作公司則是採用一種特別巧妙（或說是不正當）的伎倆，假裝對音樂販售店做行銷研究。

　　他們詢問：「你是否贊同現有排行榜製作人從音樂販售店蒐集資訊的作法？」如果那家商店沒有意見，或不了解問題所在，那麼他們就沒有牽涉到排行榜製作。倘若他們表達意見，無論好壞，或說明「我們不准提供評論」，這就顯示他們知道箇中牽連，也幾乎可以肯定那就是排行榜商店。商店回答一項問題，無意間也回答了另一項更重要的問題！

聰明人也會做錯事？

有多種作法可以愚弄人類心智，令我們解決問題時犯錯。表面上看來很單純、熟悉的計算方法，不見得就不會暗藏意外陷阱。有些人會覺得某些事物的計算結果實在令人意外，這來自於數學方面的「視錯覺」（亦有人稱之為「視幻覺」）。是自己腦筋糊塗還是哪裡出了錯？唯一的錯誤，就是邏輯。

《有趣的謎題…》

⊙ 經驗和智慧為什麼也會壞事？

⊙ 藥物試驗員又做了什麼蠢事，讓自己灰頭土臉？

⊙ 星際板球場的柵欄竟然短少x公尺……發生什麼事了？

⊙ 威士忌和水該怎麼調才速配？

⊙ 心算常犯哪些錯？

經驗和智慧偶爾也要壞事

　　週日上午氣候宜人，因此辛格曼一家決定到布萊頓
（Brighton）玩一天。糟糕的是，許多人也做相同打算，結果
當天交通大阻塞，車速緩慢，辛格曼一家前往布萊頓的平均
車速為每小時 30 英里。當晚回程時的交通狀況更糟，結果
辛格曼一家的平均車速只達到每小時 20 英里。

　　整趟旅程的平均速率為何？

　　把兩個車速相加除以 2，得到每小時 25 英里。這個計算
太簡單了，多數人都能求出這個答案。不幸的是，這個答案
是錯的。

　　實際上，整趟旅程的平均車速為每小時 24 英里，而且
不管辛格曼一家是住在博格諾里吉斯（Bognor Regis）或伯
明罕（Birmingham），這個答案都正確。

　　倘若你覺得意外，答案怎麼會是 24？那麼這就是個經
驗，讓你知道有多種作法可以愚弄人類心智，令我們在解決
問題時犯錯。表面上看來很單純、熟悉的計算方法，不見得
就不會暗藏意外陷阱。

平均速率的計算方法是以距離全長除以所花的時間。就此例而言，我們並不知道距離，不過這和結果毫無關係，因為不管距離為何，答案都相等。假設辛格曼一家要旅行 60 英里前往伯明罕，那麼回程也是 60 英里。他們是以 30 英里時速前往 60 英里外的伯明罕，因此花了 2 個小時，而回程速率為每小時 20 英里，因此花了 3 個小時。這就表示整趟旅程的平均速率為 120 英里除以 5 個小時，也就是時速 24 英里。

這個平均速率也稱為「調和平均數」（harmonic mean）。只要兩個速率相差不遠，這個數值就非常接近簡單平均數（simple mean，相加再除以 2）。「英國突進隊」（British Thrust team）在 1997 年突破音障，刷新陸地速度記錄。當時他們第一趟的速率為每小時 759 英里，第二趟則是時速 767 英里。不管是採用哪一種平均數法，得到的結果都大約為時速 763 英里。

較早期的一項速率記錄就不是這樣了，唐諾・坎貝爾（Donald Campbell）駕駛快艇在康尼斯頓湖（Coniston Water）上以非常高速（約為時速 300 英里）完成去程，回程時卻由於技術問題一路蹣跚，時速大概只有 30 英里。公布的平均速率為 165 英里，實際上卻應該公布調和平均數，那只約為 55 英里。

【知識補給站】

歸路迢迢！

平均速率不能用兩數字相加除以 2 來計算，用個極端的例子就可以證明這點。

假定辛格曼一家以時速 30 英里前往伯明罕，而且他們的往返總平均速率為每小時 15 英里。他們的回程速率為何？

我們很容易就要脫口說，那當然是每小時 0 英里，因為 $\dfrac{(30 + 0)}{2}$ ＝ 15。不過，倘若回程速率為每小時 0 英里，那麼他們根本就出不了伯明罕！

本例的正確答案是回程時速為每小時 10 英里，才能得到平均速率為每小時 15 英里。

灰頭土臉的藥物試驗員

還有一種意外是肇因於誤用百分比。

醫藥研究人員正在測試一種嶄新藥物，稱為「普羅博辛」（Problezene），據稱這可以提高人類智力。史密斯醫師率先針對他的一群患者進行試驗。他是位優秀科學家，決定讓部分患者使用真正的普羅博辛藥錠，其他患者則使用「安慰劑」（placebo，不含藥物的錠片）。他的結果如下：

史密斯醫師的結果	試驗	成功	平均
藥物	100	66	66%
安慰劑	40	24	60%

史密斯醫師的結果很有潛力。他的試驗證實普羅博辛的效果超過安慰劑：服用普羅博辛錠的患者，有 66% 的智力表現提高了，而安慰劑組則為 60%。

然而，由於差異相當有限，瓊斯醫師決定對較大群病患重作實驗。結果令人鼓舞。他確認了史密斯醫師的結果，使用普羅博辛的患者其表現還是超過安慰劑組。

瓊斯醫師的結果	試驗	成功	平均
藥物	200	180	90%
安慰劑	500	430	86%

　　兩位研究人員對所作出的發現非常興奮，於是決定綜合兩份資料並出版結果，結果卻出乎意料，甚至讓他們感到難堪。儘管兩項試驗的普羅博辛組其表現都超過安慰劑組，但是把兩項試驗綜合起來，安慰劑組患者的表現卻超過普羅博辛組：

綜合結果	試驗	成功	平均
藥物	300	246	82%
安慰劑	540	454	84%

　　有些人會覺得這種結果實在令人意外，這就相當於數學方面的「視錯覺」（optical illusion，亦有人稱之為「視幻覺」）。是哪裡打錯字了嗎？唯一的錯誤就是邏輯，這種邏輯假設我們可以採簡單數字的作法來累加百分比。而事實上百分比並不能相加以求得平均值，速率也是如此，它們都不能這樣來計算其平均值。

星際板球場之柵欄傳奇

　　當問題牽涉到物理空間，通常大腦都有本事運用「直覺」估出答案。試舉一例：芬布頓閣下（Lord Fimbleton）每年都會在他的莊園舉辦板球比賽。他想要營造出鄉村板球的氣氛，因此環繞板球場架設白色柵欄，圈起的範圍相當大，從中央到邊線的距離達 50 公尺。不幸，今年芬布頓閣下的柵欄短缺 6 公尺。你預期今年的邊線距離會比去年的縮短多少？（你的直覺會說 1 公分？ 1 公尺？更多？）

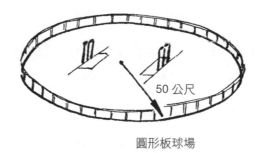

圓形板球場

　　答案是：「球場周邊各處跨徑都是短缺 1 公尺」。換句話說，各方向跨徑都為 49 公尺。事實上，這並不會讓很多人感到意外。

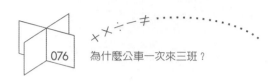

　　現在恰好諸神也在天上舉辦年度板球比賽。祂們的星際板球場很遼闊，跨越 10 億英里，而且諸神也希望用白色柵欄把球場圈起來。由於驚人的巧合，今年諸神的柵欄也有 6 公尺不見了。你預期祂們的周邊跨徑會比去年的縮短多少？

　　就此狀況，直覺反應或許是跨徑縮短微不足道，只達 1 釐米的片段。畢竟，要圈起的面積實在遼闊，6 公尺肯定會被擴散稀釋到微乎其微。但正因如此，結果可就要讓你吃驚了！因為今年諸神板球場的柵欄邊線跨徑，同樣也只是縮短 1 公尺。

　　怎麼會這樣？這裡就提出計算方法。兩座板球場的周長分別等於其柵欄長度。半徑則為投手中心點到邊界的距離。

$$圓周長 = 2\pi \times 半徑$$

　　就這兩個例子而言，今年的周長（我們就稱之為「新周長」）比去年的周長（「舊周長」）短缺 6 公尺，我們想知道球場的半徑變化（舊半徑減新半徑）。

$$舊周長 = 2\pi \times 舊半徑$$
$$新周長 = 2\pi \times 新半徑$$

　　我們知道舊周長減新周長等於 6 公尺，因此：

【知識補給站】

就連偉人也犯錯

　　有位法國人在 1935 年發表了一本書，書名為《歷來數學家所犯的錯誤》（*Erreurs de Mathematiciens des Origines a Nos Jours*），裡面列出 355 位數學家所犯的錯誤，費馬（Fermat）、尤拉和牛頓（Newton）也列名其中。有時候問題實在複雜，幾乎是難免要犯錯。1993 年，安德魯・懷爾斯（Andrew Wiles）率先發表他的「費馬最後定理證明」（Fermat's Last Theorem），當時裡面出現一項重大錯誤，不過只有頂尖數學家才能理解，更別提要挑出那項錯誤。還有些錯誤則是由於當代的知識不足所致，因此可以諒解。牛頓相信煉金術，也深信鉛可以轉化為金，如今看來這似乎很奇怪，不過在他那個時代卻不足為奇，因為十七世紀之時，對化學元素的認識微乎其微。然而，有些錯誤就比較說不過去。粗心大意的教授經常在基礎算術部分出錯，這點極為常見，而且也很容易被簡單伎倆騙過。其中一項理由是，智力非常高的人，就算是在研究極單純的問題，通常也會想要找出複雜成分。

$$6 = 2\pi \times 舊半徑 - 2\pi \times 新半徑$$
$$= 2\pi \times （舊半徑 - 新半徑）$$

因此舊半徑減去新半徑（到邊線的距離變化）為 $\dfrac{6}{2\pi}$，

取 π 等於 3.14，求得上述答案約等於 1 公尺。邊線柵欄總長
與本計算無關！這實在令人意外，因為我們的直覺有不同的
看法。

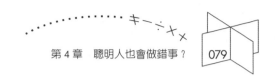
威士忌該怎麼調配？

晚餐後，亨利‧布頓召喚男管家，要他把每天要喝的半杯威士忌和一杯水拿來。亨利在威士忌中攪了些水。這時他發現威士忌杯太滿了，於是小心把威士忌酒水混合液倒回水杯，最後他的威士忌杯又是半滿了。

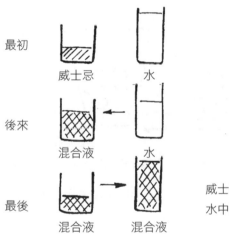

威士忌中所含的水量是否超過水中所含的威士忌酒量

亨利在威士忌內攪入純水，接著把威士忌酒水混合液倒回水中。問題如下：這時威士忌杯中的水量是否超過水杯中的威士忌酒量？

　　常見的答案是威士忌杯中的水量較多。畢竟，攙人威士忌酒中的是純水，而倒回來的則是稀釋的威士忌酒。如今兩個杯子中所裝的液體，容積都和最初之時相等。然而，你現在就開始質疑，事情不可能這麼單純。正確的答案是，轉移的威士忌酒量和水量相等。

　　這項答案常會引起爭論。要證明答案為真的最好方法，就是想像這並不是兩杯液體，而是兩桶網球。剛開始時，其中一桶裝了 100 顆綠球（這代表水）。另一個裝了 20 顆白球（這代表威士忌）。

　　把任意數量的綠球（就說是 10 顆吧）轉移到白桶中：

　　轉移完成之後，一桶中就有 90 顆綠球，另一桶中則裝了 20 顆白球和 10 顆綠球。現在把 10 顆球拿回來，不過這次要混色。假定是 8 顆白的和 2 顆綠的：

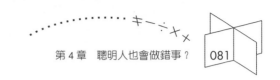

　　第二次轉移之後，一桶中就有 92 顆綠球和 8 顆白球，另一桶中則有 12 顆白球和 8 顆綠球。兩桶所裝的球數和剛開始時都相等，不過已經有 8 顆綠球（水）和 8 顆白球（威士忌）在兩桶之間對調。倒回的混合液容積無關，在兩桶中對調的綠球和白球的數量始終相等。

　　信服了吧？倘若你還不信服，最好的自行驗證作法就是實際拿球來試驗。若是實際以威士忌來試驗那還更好。

心算常犯的錯

　　這類問題有的會讓你腦筋轉不過來，你就可以了解為什麼經常有人要犯錯。最後這個問題就不同了。這是個極簡單的加法總和問題。用手把要累加的數字遮起來，接著一次露出一筆，一邊心算累加：

$$
\begin{array}{r}
1000 \\
40 \\
1000 \\
30 \\
1000 \\
20 \\
1000 \\
10 \\
\hline
\end{array}
$$

　　你的答案是多少？

　　如果你的第一個答案是 5000，那麼請驗算，因為這不對。正確累加之和是 4100。多數成人碰到這項問題，也就是一旦突然面對這些數字時，都會犯相同錯誤。腦子算到 4090 時就預料答案會進位，於是便根據先前的經驗，假定

進位後數字會很單純，而不假思索地說答案等於 5000。

有時候腦袋太聰明了，結果反而對自己不利。

第 5 章

HONEST BOB'S
3-1
EVENS

怎麼下賭注，勝算最高？

帕斯卡和費馬自問以下這個問題：「何時我該下注，何時又該停止？」那也就是本章的基本問題。數學的大半領域都是從崇高顯赫的研究發展出現。然而有種起源卻明顯是個例外。全世界最重要的領域：「機率論」，便是起源於邪惡。

《有趣的謎題…》

⊙是哪個數學家熱衷研究下注的必勝技巧？

⊙硬幣和骰子要怎麼賭才是最佳賭法？

⊙樂透彩要怎麼玩勝算最大？

⊙同樣是下注，賽馬和樂透彩爲何大不同？

⊙有沒有逢賭必贏的玩法？

誰在研究如何下注？
——伽利略、帕斯卡與費馬

　　數學的大半領域都是從崇高顯赫的研究發展出現。然而有種起源卻明顯是個例外。全世界最重要的領域「機率論」便是起源於邪惡。

　　義大利人伽利略（Galileo）常被譽為確認地球繞日運行的人，接著他還在教會壓迫下收回這項異端學說。然而，伽利略的罪過，還不只是暗示聖經有可能犯錯。他還對一位贊助人提出建言，教他如何在擲骰子遊戲中下注，而當時的社會和教會都不贊成賭博。

　　伽利略死後十年，這個領域已經由帕斯卡和費馬發展成熟。不過當時也是由於貴族富豪希望能提高勝算，因此兩人才投入鑽研。

　　帕斯卡和費馬自問以下這個問題：「何時我該下注，何時又該停止？」那也就是本章的基本問題。

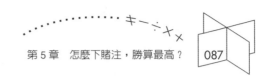

硬幣和骰子

　　全世界最簡單的賭博就是拋擲硬幣。拋出正面我就給你 10 英鎊，拋出反面你就給我 10 英鎊。這是「公平的」賭注，道理十分淺顯，大家都無條件接受其中的數學原理。不過，我們還是談談其中的數學基礎，稍後就可以用來探討較複雜的賭注。

　　所有人都知道，拋擲硬幣出現正面的機會是「五五波」。這是在講賠率，也是最能讓大家接受的講法。然而，若以機率來表示就至少有六種不同的講法，而且都是在描述完全相同的事情。

　　拋擲均勻硬幣出現正面的機率，可以用下面的任一種講法來描述：

- 五五波

- 2 中取 1

- $\frac{1}{2}$（數學家常以分數來表示機率）

- 0.5（數學家也喜歡用小數）
- 50%（基於某些原因，氣象預報員偏愛百分比）
- 同額賭注（evens，這是賭馬業的用詞，可參考第 90 頁「知識補給站」的說明）

以上陳述全都是在講一件事：若拋擲普通硬幣 100 次，你預期會出現正面 50 次；有時候多<u>些</u>，有時候少<u>些</u>，不過平均為 50 次。

若想求出下注預期獲利，就要看出現每種可能結果之時的輸贏額度，還有出現各種結果的機率。

就以正反面每注 10 英鎊的賭法為例，假定你賭正面。底下為可能結果：

結果	出現機率（P）	你所賺金額（W）	P × W
正面	$\frac{1}{2}$	10 英鎊	5 英鎊
反面	$\frac{1}{2}$	－ 10 英鎊	－ 5 英鎊

值不值得下注？這就是最後一欄（P×W）的功用。該欄各項值累加後就得到下注「期望值」（expected value）。就此例而言為 0 英鎊，這表示就平均而言，你到最後並不會比最初時好。不過，至少這也表示，你到最後也不會比最初時差。因此這比你在市面上看到的多數賭法都好！

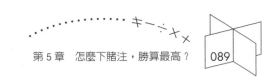

　　接下來討論稍微複雜的賭法。哈洛的骰子很均勻，各面分別標示 1 到 6 點。如果他擲骰子出現 6，他就輸給你 24 英鎊。如果是其他任何數字，你就輸給他 6 英鎊。這個賭法對你是否有利？

　　要評估這種賭法，你就要知道擲出 6 點的機會。擲出 6 點的機率為 6 中取 1，或 0.16666，或按照賭馬業的講法就是「讓 5 比 1」（5 to 1 against）。沒有擲出 6 點的機會為 $\frac{5}{6}$。以下列出兩種結果。

結果	出現機率（P）	你所賺金額（W）	P×W
擲出 6	$\frac{1}{6}$	24 英鎊	4 英鎊
沒有擲出 6	$\frac{5}{6}$	－6 英鎊	－5 英鎊

請注意，P 欄累加得讓 1

　　現在最後一欄累加就得－1 英鎊，這表示就平均而言，你每擲一次骰子都要輸 1 英鎊。你可以預期，擲骰子 100 萬次就要輸掉 100 萬英鎊。

　　在博彩業者心目中，事情本該如此。賭博這回事，原本就是要讓你指望能掏錢下注一舉成功，並獲得驚人回報，同時就長期而言，也能確保經營賭場的人會獲得利潤。

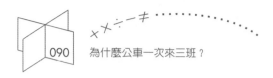

【知識補給站】

常見的賭博業用詞

賭博業有自己的語言來表示投注賠率。擲出普通骰子出現 3 點的機會是 6 中取 1，因為骰子有 6 面。不過，倘若有博彩業者並不求利潤，他就會把這個叫做「讓 5 比 1」（也就是賭 3 的人，在 6 次中有 5 次會輸）。在一疊撲克牌中抽出黑桃 A 的機會是 52 中取 1，不過在博彩業則稱為「讓 51 比 1」。請注意，博彩業者永遠把較大數放在前面。

老實鮑勃的
3-1
同額賭注

倘若輸贏機率完全相等，在博彩業就稱為同額賭注。

倘若你的勝算較高，輸錢的機會較低，博彩行話就不用「讓」一詞，並改用「賠」（on）字。擲骰子得到大於 2 的機會為 4 對 6，博彩行話稱為「賠 4 比 2」，不過業者還會先約分成更為簡單的形式，也就是「賠 2 比 1」。

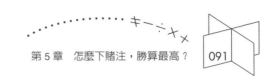

樂透彩的祕密

玩「英國國家樂透」（UK National Lottery）並不需要計算預期回報：他們已經訂得很清楚。每英鎊樂透賭金中，有 50 便士是作為中獎彩金，其他都是稅金，動機善良且作法合宜。這就表示你每次下注的預期回報是輸 50 便士。因此，每次你不買彩券，都可以告訴自己：「嘿，這下我又賺了 50 便士！」

當然了，民眾買樂透彩的原因是，他們覺得皮夾裡少了 1 英鎊並不心疼，而當他們的銀行帳戶多出了 100 萬英鎊，那就值得大書特書。玩樂透的人也會辯稱，等待數字出現的那種激情，其中樂趣至少值得 50 便士，不過，或許他們並沒有考慮到其中的負面價值，一週過去又是一週，數字一直不出現時所累積的沮喪之情。有些人從冒險獲得快感，這在數學界就稱為「風險親和型」。

玩英國樂透要任意挑出 1 到 49 之間的 6 組號碼。開獎時由裝了 49 顆球的球箱中抽出 6 顆。如果這 6 顆球上，正好就有你挑選的 6 組號碼，那麼你就贏得頭彩，獎金通常為 1000

萬英鎊，這樣你就獨贏頭彩總額。較常見有兩三位彩迷同時挑中相同組合並平分頭彩。

　　挑哪種數字組合勝算最高？暫且不要去想從 49 顆球挑出 6 顆，就想像有種較簡單的作法。假定樂透彩只用 3 顆球，你只要從中挑出 2 顆即可。這就是你可以做的抉擇：

1,2

1,3

2,3

　　從球箱抽出的球號順序無關。假定你選擇 1 和 3，那麼從球箱依序抽出 1、3 或 3、1 都可以，你在這兩種狀況中都是贏家。因此有三種可能組合，但只有一種會贏。不過這三種組合是否機會均等？答案為「是」，你可以列出從球箱中抽球的所有可能結果，並自行證明這點：

1,2　1,3　2,1　2,3　3,1　3,2

　　有六種可能的抽球排列方式，三種數字組合各出現兩次，因此出現各種組合的機會均等。所以，玩這種迷你樂透並中獎且均分頭彩獎金的機率為 $\frac{1}{3}$。

　　事實上，你可以用這種邏輯來證明，不管樂透彩是使用幾顆球，也不管按規定你要挑選幾組數字，所有組合的中獎機會都完全均等。換句話說，不管你是選定 1、2、3、

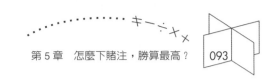

4、5、6 或 11、17、20、31、34、41 組合，儘管後者似乎是比較「隨機」，兩者的中獎機會卻都完全相等。

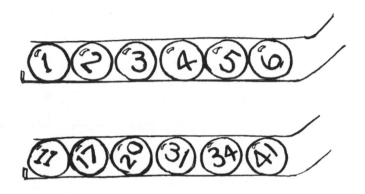

由於可能的組合種類異常龐大，所以其精確的計算結果可達到 13,983,816 種。

縱然你不能影響中頭彩的機會，至少你還是可以選擇數字，這可以提高你的預期財務獲利。作法是選定獨特的數字組合，這樣一來，如果你挑對號碼，就比較有機會獨享頭彩獎金。

怪的是，1、2、3、4、5、6 竟然是最糟糕的組合之一，因為好幾百人都會挑選這個組合。看來他們是假定「沒有其他人會想出這麼反常的組合」。可惜的是，偏偏有許多人就會這樣做！

許多樂透迷都喜歡用「幸運」號碼，而幸運號碼通常都

和生日有關，較多人喜歡挑選介於 1 和 31 之間的數字，而選定介於 32 和 49 之間的數字的人數較少。因此，倘若你不希望和別人分享頭彩獎金，參加樂透時最好是挑選較大數的組合。不過要注意，現在已經有許多人知道這項理論。這和玩足球大家樂所採用的技巧並沒有兩樣，賭足球勝負之時，多數人會挑選前兩組的比賽下注，較低分組的賽事就較少人關注。只要挑選第二和第三分組的賽程下注，萬一你中了大家樂頭彩，獨贏的機會就會提高。

　　選號方面有許多怪力亂神說法，數學家對此都不屑一顧。好比，「已經有三週沒有出現 39，因此本週一定會出現」，這種說法根本就是迷信瞎扯。假定你拋硬幣十次，每次都出現正面，擲第十一次出現反面的機會也不會超過第一次。而且真有不同的話，那麼你最好還是猜正面，因為看來那個硬幣並不均勻，比較容易出現正面。倘若樂透連續六週都開出 39，真正可能的狀況就是有某種物理因素，使 39 號球比較容易出現。例如：那顆球或許比其他的稍微重些。不過，既然 39 頻頻出現之後，許多人都會開始挑選那個號碼，因此或許你的最佳策略就是避開它！

【知識補給站】

星期幾買樂透最好？

答案：星期五。（編按：英國樂透每週三及週六開獎）

如果你在週五之前購買，那麼等到週六贏得樂透頭彩，並領到獎金的機率，就會低於你被汽車輾過的機率。

這個恐怖的統計數字是根據事實，因為你贏得頭彩的機會是一千四百萬分之一，而你在兩天期間被車輾過的機率約為一千萬分之一。

這就能清楚說明，你贏得頭彩的機會實在渺茫，低於你被車輾過的機率。

賭馬和賭場

　　至此所介紹的賭博遊戲，經營賭局的人都會訂定獲利率，並使投注預期回報低於賠率。不過賽馬呢？賽馬賠率規定，如果你下注的馬是「同額賭注」，結果輸了，這時你就要給賭場 10 英鎊，如果馬跑贏了，那麼你就賺 10 英鎊。這看來很公平，實在令人不敢相信。

　　這裡還是用簡單列表來說明，為什麼賭馬業者臉上經常掛著微笑。假定某場比賽有三匹馬參賽，賠率如下：

1.淘氣小口咬	同額賭注（$= \frac{1}{2}$）
2.剛烈弗烈德	2：1（$= \frac{1}{3}$）
3.老慢	3：1（$= \frac{1}{4}$）

1.　　　2.　　　3.

　　安德魯、柏特和查理三兄弟分別對三匹馬投注 1 英鎊。其中一人會贏，不過就整體而言，這家人輸贏如何？

結果	提供賠率（P）	贏家得多少（W）	P × W
淘氣小口咬	$\frac{1}{2}$	1 英鎊	50 便士
剛烈弗烈德	$\frac{1}{3}$	2 英鎊	67 便士
老慢	$\frac{1}{4}$	3 英鎊	75 便士

這就怪了。根據表格，三兄弟的綜合預期獲勝金額為 1.92 英鎊，然而輸錢的人要各支付 1 英鎊。賭馬業者的平均預期獲利為 8 便士。他是怎麼賺的？（編按：1 英鎊＝ 100 便士）

其中緣由就要看標示「提供賠率」的欄位。我們討論過的其他博彩系統，賠率累加都正好等於 1.0，這個例子的累加值卻是等於 1.08（也就是超過 1）。換句話說，賭馬業者並不訂定獎金額度，而是採表面上看來並不利於他們的固定賠率來賺錢。如果你發現有賭場業者的賠率累加值低於 1，立刻到他那裡下注！

這裡的賠率和樂透彩的算法還有個重要差別。樂透出現某種數字組合的機會相當明確，而除了深諳內情的人之外，「淘氣小口咬」贏得比賽的機會就只能猜測。賭棍之所以賭馬，是因為他們覺得自己比其他賭棍知道更多消息。因此，儘管開出的賠率是 8 比 1，只要你相信那匹馬實際上只有 10

比 1 的勝算，或者倘若你確實知道那匹馬已經食物中毒身體不適，這時你就應該對其他馬匹下注。

　　附帶一提，開出 2 比 1 賠率的馬匹，實際贏得比賽的機會有多高？這很有趣，而且只要從今年的賽馬結果，查出有 2 比 1 馬匹參賽的場次，很容易就可以找出答案。在這些場次獲勝的馬匹，應該約有三分之一（也就是每 100 匹中有 33 匹）的賠率為 2 比 1。倘若查出結果只有 10 匹獲勝，這就暗示投注 2 比 1 馬所得的獎金，並不如規則所述的那麼豐厚，因此不要賭這種馬。就另一方面，倘若有 50 匹獲勝，那麼看來 2 比 1 馬就是投注的好對象，不過你最好保密並且不要透露這項發現，否則你就不能維持勝算。一旦這項發現廣為流傳，所有人都會開始賭 2 比 1 馬匹會贏，於是賠率就會變差了！

有沒有賭法能夠逢賭必贏？

　　這下就逐漸明白，似乎也只有呆瓜才會迷上賭博並和專家對局。樂透彩賺走你的半數金額，足球大家樂拿走的部分也差不多，賭馬業者賺走超過 15%。而且這都沒有提到，你就算贏錢也還是要納稅。就連經營輪盤賭的人也要賺一筆，輪盤賭有 1 到 36 等數字，不過還有個「0」格位，若是珠子落入「0」格，所有的錢就全都落入賭場袋中[1]。這平均每 37 次就要發生一次，於是賭場的份就占了 3%。和我們討論過的其他賭法相比，這個比率對賭棍來講算是相當高的。

　　有一種賭法很值得注意，似乎能夠擔保你到最後一定會贏。只要你碰到賠率為五五波（換句話就是同額賭注）的賭法都可以運用。這稱為「加倍賭注」（martingale）。

註 [1] 賭紅／黑、奇／偶或高／低數為例外。這些是同額賭注的賭法，若是珠子落入「0」格位，則賭場賠半數賭金。

　　首先決定你要贏多少。10 英鎊應該很合理，不至於太貪心。如果你贏了，恭喜！馬上拿走 10 英鎊獎金，不要再賭了。

　　如果輸了，那麼你就要再賭一次。這次投注 20 英鎊。如果贏了，就拿走那 20 英鎊並不要再賭了。你贏的金額就等於最後一局的 20 英鎊減去第一局輸掉的 10 英鎊，你的獲利淨值為 10 英鎊。

　　如果輸了，你就要再把賭注加倍，這次要加到 40 英鎊。事實上，加倍賭注的規則就是，每次輸錢，你只需要把金額加倍並再次投注。就算你輸了 50 次，只要你在第 51 次賭贏，那麼你最後就能獲利，至於金額嘛……你猜對了，就是 10 英鎊。

　　當你終於賭贏，你的獲利淨值就等於你第一次下注的金額。因此，如果你很貪心，也希望能擔保贏得 100 萬英鎊，那麼你的第一注就應該投下那個金額。

　　是不是太棒了，令人不敢相信？那麼為什麼要告訴你？我們大可以去賺那 100 萬，接著就到巴哈馬群島沙灘上消磨時光？

　　意外、意外！這裡有個陷阱。儘管理論完全合理，實際上加倍賭注完全不可行，原因很簡單。賭場和馬票商都有單

注金額上限規定。就算你有 1000 萬英鎊賭金也不准一次下注。而且就算你可以下注，又有哪家銀行會提供擔保，好讓你一旦輸錢之後，還拿得出 2000 萬賭金？

事實上也沒有保證成功的輕鬆作法來賺 100 萬英鎊。就因為每分鐘都有呆瓜出生，博彩業才能蓬勃發展，而且情況看來也不會改變，博彩業者都該額首稱慶。

【知識補給站】

怪賭奇聞

「立博國際公司」（Ladbrokes）對各種賭法幾乎是來者不拒，不過他們提供的賠率很少超過 5000 比 1，這並不意外。

就哈雷彗星在下一次造訪時撞擊地球，開出的賠率只有 2500 比 1，而就美國坦承存有外星生命而言，所開出的賠率最近還從 200 比 1 降到只剩 50 比 1。

不過，立博國際公司也不是真的來者不拒。曾經有位男士想要賭他的太太會被外星人擄走，並在午夜鐘響跨入西元 2000 年那一刻回來，而且會變成一個茶壺。這家博彩公司很有風度，拒絕就此提供任何賠率。

第 6 章

Hello dear, another boring day — not a single coincidence

巧合眞的很巧嗎？

美國歷屆總統出現了一項怪誕巧合。前五位總統中，有三位是在同月同日死亡。那麼日期呢？如假包換的美國國慶日：7月4日。他們哪天不好死，卻要死在肯定最能吸引全美國人矚目的日子。但你可知道，上述的巧合故事並不如想像中意外嗎？

《有趣的謎題…》

⊙7月4日，美國總統奪命日？

⊙好巧！你的生日竟然和我一樣?!

⊙不引起注意的巧合事件到底有多巧？

⊙如何遇上百萬分之一的幸運？

巧合並不如想像中意外

在最近一場超自然現象研討會上，有人向與會成年人請教，他們有沒有經歷過有趣的巧合事件。多數人都回答有。一位女士回述，她在前一年到瑞士度假，結果住在相鄰農舍的恰好就是她從前的鄰居。

有個人（姑且叫他東尼）的故事更毛骨悚然，他說小時候在私立學校念書時很不喜歡校長。他在一個週日夜晚夢到校長死了。隔天早晨，他抵達學校時發現校長真的在週末嚥氣。東尼講完故事會場寂靜無聲，接著有人用口哨吹出節目《陰陽魔界》（*The Twilight Zone*）主題曲，全場爆笑。

許多人都寧願把這種巧合歸因於某種神祕力量，卻不根據理性來解釋，這實在好笑。這和人類心理有關。民眾熱愛神祕超自然現象，所以電視上才會充斥大量《X 檔案》一類的節目。然而，大家之所以信仰隱密力量，和整個社會沒有認識機率數學也脫不了關係。

我們一聽說校長死亡事件，很容易就認為東尼具有某種索命的心靈力量。然而，用其他完全合理的說法，也能解釋

這種現象，或許還更可信。首先，或許東尼早就忘了故事細節，說不定那並不是夢，還比較像是似曾相識的記憶。另一種可能的解釋為，東尼知道校長病重，因此死亡很可能就要降臨，於是他才夢到校長病死。我們也不是沒有聽過，某則新聞進入潛意識，接著就突然浮現，就像是毫無緣由自發產生的思想。或許東尼的父母聽到校長過世的消息，而東尼則是在做功課時，無意間聽到爸媽談起。

【知識補給站】

7 月 4 日，美國總統奪命日？

　　美國歷屆總統出現了一項怪誕巧合。前五位總統中，有三位是在同月同日死亡。那麼日期呢？如假包換的美國國慶日──7 月 4 日。他們哪天不好死，卻要死在肯定最能吸引全美國人矚目的日子。

　　當然，這也可以用來解釋，為什麼會發生這種巧事。你可以想像，早期的諸位總統，肯定都要儘量撐到獨立紀念日才死，就他們而言，這個日子的意義十分重大，於是他們都要等到這天，才放心讓魂魄歸陰。美國第三任總統湯瑪斯・傑佛遜顯然就是這樣。第二任總統約翰・亞當斯在傑佛遜死後才幾個小時就過世。他的最後遺言是「湯瑪斯・傑佛遜還活著」，他錯了。

　　不過還可能有另一種解釋。或許校長的死完全是巧合。《牛津英文字典》中針對巧合一詞提出多種定義，其中一種是：「並無明顯相關起因便同時發生而引人注目的數起事件」。

　　表面上看來，這種事件實在是不值得大書特書。但是我們應該感到驚訝嗎？巧合有多可能發生？倘若數學無法獨力預測巧合，或許到頭來我們還是應該開始相信超自然現象。

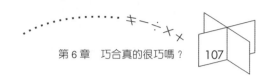

你的生日跟我一樣

　　提到巧合，首先要講的是，我們經常是過度重視巧合。小學課堂上有人提到生日課題。班上共有 30 位學童，一位大聲說：「莎莉的生日和我的相同。」這對兩人來說都非常重要，其他同學也都非常興奮。

　　然而，這種情節卻不罕見，看來或許令人不解。不管你走進哪個班級，通常至少都可以找到兩位學童的生日相同。或許多數人會認為這是罕見的巧合。畢竟，一年有 365 天，因此或許你會預期，班上同學至少要達到約 180 位，才有半數機率出現生日巧合。

　　然而，事實並非如此。其實班級人數只要達到 23，其

中兩位的生日相同的機率就會超過五五波。事實上，由於生日並不是全年平均分布，只要是學童人數達到 20 的班級，或許還是可以在其中半數發現生日巧合。

怎麼會這樣呢？要了解這個道理，首先要知道該怎樣計算兩起「獨立」事件的同時發生機率，把個別事件的發生機率相乘（請參見第 109 頁的「知識補給站」）。好比，拋硬幣得到兩次正面的機率為 $\frac{1}{2} \times \frac{1}{2} = \frac{1}{4}$，或為 4 中取 1。你可以拋擲兩個硬幣，看會出現哪種組合，這樣你就會相信了。反覆實驗 100 次，並計算雙雙為正面的次數。應該約為 25 次。這裡並不保證正好等於 25 次，不過倘若你的答案並非介於 20 次和 30 次之間，或許你拋硬幣的手法就很特別。

某孩童在哪天出生，和另一位孩童的生日並無關係（只要兩人並非孿生子！），這點和拋硬幣相同。這就表示生日巧合機率的算法，和你計算硬幣拋擲機率的方式相同，把兩項機率相乘即可。不過，且不要計算巧合機率，就讓我們算出所有孩童的生日都不相同的機率。事實上這還比較好算。

先想像，你班上只有兩位學童。第一位的生日為 6 月 14 日。第二位學童在不同日出生的機率為何？答案可以從另外 364 天選定，因此機率為 $\frac{364}{365}$，這時莎拉進入教室。她的生日和另外兩位學童的是否不同？倘若另外兩位學童的生日

並不相同，那麼莎拉的生日也不相同的機率就為 $\frac{363}{365}$ ，因為只剩下 363 天為不同日……就這樣繼續下去。

　　當其他學童分別進入教室，他們的生日也都不同的機率就會再略微遞減。第 23 位學童的生日和所有其他學童都不相同的機率就是 $\frac{343}{365}$ 。

【知識補給站】

街上男人穿裙子的機率是……？

　　拋硬幣得到正面，接著擲骰子得到 3 點的機率有多高？由於拋硬幣不會影響到擲骰子，只要把兩起事件的機率相乘，就可以得到拋出正面並擲出 3 點的機率。

　　拋出正面的機率為 $\frac{1}{2}$ ，

　　擲出 3 點的機率為 $\frac{1}{6}$ ，

　　兩起事件同時發生的機率為 $\frac{1}{2} \times \frac{1}{6} = \frac{1}{12}$ ，或為 12 取 1。

　　然而，倘若兩起事件並非彼此獨立就不能這樣算。例如：

　　街上某人為男性之機率約為 $\frac{1}{2}$ ，

　　街上某人穿著裙子的機率約為 $\frac{1}{4}$ ，

　　然而，街上某男子穿著裙子的機率並不會是 $\frac{1}{8}$ ，這是由於某人的性別會影響到他們穿著裙子的傾向。某事件對另一起事件的影響就是「貝葉斯統計」（Bayesian statistics）的基礎，而這正是機率論的重要部分。

　　討論至此暫停，讓我們先算出 23 位學童的生日各不相同的整體機率為何。我們把前述機率全部相乘，就像硬幣機率的算法。

$$\text{在 23 人的班級，所有人的生日都互不相同之機率} = \frac{364}{365} \times \frac{363}{365} \times \frac{362}{365} \times \cdots\cdots \times \frac{343}{365}$$

$$= 0.49 \text{ 或機率為 } 49\%$$

　　因此，在 23 人的班上，沒有任意兩位學童的生日相同的機率為 49%，或約為半數。不過，除了沒有學童的生日相同之外，另外 51% 會出現什麼狀況？那就是至少有兩位學童的生日相同。換句話說，就算只有 23 位學童，至少有一起生日巧合事件的機率為 51%。許多人會覺得這並不合理，不過這卻是事實。再者，倘若你不相信這點，那麼你也可以自行前往附近的學校去做試驗。

　　不過，這和其他巧合又有何關連？好比你昨晚才向太太提起一位 20 年不見的朋友，結果今天就和他巧遇。要檢視這種明顯屬於巧合的事例，首先要區分：

- 特定罕見事例之發生機率
- 任何罕見事例之發生機率

　　若舉學童為例，或許你馬上就能看出，這兩類巧合是在哪裡被混為一談。倘若你從班上 23 位學童當中挑出兩位，

大衛和夏洛特，他們的生日彼此相同的機率為 365 中取 1。
不過，既然你已經知道，班上同學至少有兩位的生日相同之
機率為 2 中取 1（不過我們完全不知道是哪兩位），這樣講就
合理得多。然而，感覺上這兩類巧合卻大致相當。從這裡就
可以看出，偶爾直覺也非常會騙人。

　　各行各業都有這類現象，也就是特定巧合事件的發生機
率，和發生任意常見巧合的機率差別極大。「你閱讀本文之
後一週之內，就會在街上碰到從前同校的朋友」是種特定巧
合，而「你在往後一週會發生有趣的事情」則是任意巧合。
兩者都會吸引你的注意，不過後者的發生機會就高得多。

【知識補給站】

引不起注意的巧合事件

　　你可以和一群總共十個人一起玩這項遊戲。分別要每個人寫下一
個 1 到 100 之間的整數。遊戲目標是要寫出別人都沒有寫出的數字。
你會覺得這很容易辦到，不過就算所有人都隨機選數，其中兩人挑中
相同數字的機率都要超過三分之一。事實上，由於大家都不是隨機選
數（好比超過 50 的數字較常出現），任意兩人挑中相同數字的機率就
約為五五波。愈多人玩，巧合機率就要攀升。20 人一起玩，巧合機
率約為賠 7 比 1（這個機率夠高了，你大可以用來表演讀心術）。

想想你在一天之中要經歷多少「事件」。你起床刷牙、吃早餐、聽收音機、上車、再聽收音機、開車上班、碰到許多人、打許多電話、做白日夢、吃午餐，一項項不停地發生，而你每天都要經歷幾百起事件。每起都讓你有機會發生巧合，而且在大半的日子裡，你也不會提及這類事件。我們就事論事，果真如此就會相當可悲，設想你每晚回家都向伴侶宣布：

「今天真是受夠了。我碰到一位叫做珍妮‧史都華的女士，不過我們並沒有共同的朋友。我昨晚做的夢也都沒有實現，而且就在我要離開辦公室之時，也沒有發生什麼事情。」你不會談到這些事情，因為這都很無聊。這些都是沒有發生巧合的機率。

哈囉親愛的，今天又很無聊！連一件巧合事件都沒發生！

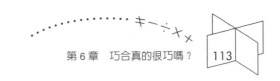

　　還有些「罕見」事件會發生在你身上，你卻不認為那是巧合。單只是罕見的事情，不見得就會令人感到興趣。就舉個極端的例子，讓我們完全隨機任意挑出兩位名人。維多利亞女王和喬治‧華盛頓。維多利亞女王的生日是 5 月 24 日，華盛頓則是在 2 月 22 日出生。實在難以置信。維多利亞女王在 5 月 24 日出生的機率為 365 中取 1，華盛頓在 2 月 22 日出生的機率也是如此。那麼維多利亞和華盛頓分別在這兩天出生的機率就約為 13 萬中取 1。又有誰會想到，怎麼可能發生這種事情……不過等等，你好像並不是很感動。

　　你為什麼不顯得感動，因為這會引出另一個問題：「那又怎樣？」這裡同時發生兩起事件，你卻不覺得那是一件巧合的事情。無聊事件很快會被人淡忘，巧合事件卻會引人注目難以忘懷。

生命中發生奇妙巧合的機率會高嗎？

那麼發生有趣巧合的機率有多高？

讓我們粗略估計一下。假定你今天有百萬分之一的機會，要發生一件永生難忘，可遇不可求的巧合，而且你在往後的任何一天，都有可能碰上這樣的罕見巧合，總共有 100 次機會。好比你突發奇想，決定賭全國大賽馬，在沒有勝算的馬匹中挑選三匹下注，比賽結果牠們卻分獲第一、第二和第三名。或者你在大選日開車外出投票，結果在回家途中發生輕微車禍，卻發現另一輛車中的乘客就是你那區的國會議員老兄。這些就是「百萬分之一」類型的巧合事件。順道一提，夢到朋友贏得博彩，結果在幾天之內成真也算是這種巧合事件。

這和生日的例子一樣，要計算這種巧合的發生機率，最好的作法也是先檢視不發生這種巧合的機率。

你明天完全不碰上這類巧合的機率有多高？不發生百萬中取一的事件之機率為 0.999999。我們已經估計出，你在任

何一天都可能碰上這種事件，總共有 100 次機會，因此完全沒有發生的機率為：

0.999999×0.999999×0.999999……連乘 100 次。

這約等於 0.9999，或一萬次中有 9999 次。這就表示，你在明天碰上這種巧合的機率為 10000 中取 1。還是非常不可能出現。

下週的狀況為何？往後每七天內，每天都出現百萬分之一機會之巧合的機率有多高？計算作法和前面相同。本週每天都像今天一樣無聊的機率為：

0.9999×0.9999×0.9999……連乘 7 次。

或約為 0.9993。這就表示下週有萬中取 9993 的機率會很無聊，而萬分之七則會發生奇妙的巧合。

來年每週都像本週一樣無聊的機率為：

0.9993×0.9993×0.9993……連乘 52 次。

或 0.964，也就是約 $\frac{29}{30}$。突然之間，這開始變得有趣了。你在往後 20 年間，每年都不會碰上百萬分之一機會之巧合事件的機率為：

0.964×0.964×0.964……連乘 20 次。

這就等於 0.48，或 48% 的機會。

根據這種極端將就的計算方法，在往後 20 年間，你實

際上有超過五五波的機會，會碰上難以忘懷的百萬分之一機率巧合事件。這也表示，在你所認識的人當中，每 20 人當中就有 1 人，有超過 50% 的機率，會在往後一年當中有奇妙的故事可以講。因此，這和有 23 位學童的班級一樣，你們當中有 1 人會在今年碰上奇妙巧合的機率為 52%，超過半數！或許生命畢竟並不是那麼無聊。

當然，我們這裡也做了重大假設。誰知道在任何一天當中，在你身上要發生多少驚人的巧合事件？或許有好幾千起。事實上，有些巧合只有十億分之一的機會，另外還有些則或許是千分之一。不過，我們非常粗略的估計或許並不是那麼極端，而且就在今年，你或你的親近朋友就會有半數機會要碰上有趣的事件，這就顯示當你聽到某人的驚悚巧合之時，也實在不該感到意外。

儘管如此，口頭上還容易講，等到你真的碰上，就很難以平常心看待。底下是我們收到的真實故事：

『我在幾年前去拜訪一位新認識的人。她的女兒小莎拉也在那裡拿蠟筆畫畫。我為她畫了個月亮說：『當然，妳從月球的形狀就可以看出日期！』（我那時隨便亂講的）『那麼日期是……隨便想出個日期……8 月 17 日。』那位母親倒抽一口氣並說：『我就知道你會這樣

【知識補給站】

今天的星座運勢，好準？！

這是你今天的星座運勢。你覺得準嗎？

你有時外向開朗和藹可親，有時則內斂戒懼、含蓄保留。你早就知道太過率直實屬不智，對別人不該太坦誠。你能獨立思考並深感自豪，沒有確鑿證據絕不採信別人的意見。你喜歡某個程度的改變和多樣化，受到約束和限制時會感到不滿。你還有高度能力尚未發揮，也還沒有化為有利優勢。你有嚴於律己的傾向。

倘若這個描述讓你震撼，覺得那實在是太驚人、太正確了，那麼你就是所謂的「巴納姆效應」[1]（Barnum Effect）的受害者。這是指一種傾向，一般人都會從某個情況之中，看出超過實情的意義。

佛瑞（Bertram Forer）在 1949 年針對這個主題發表了第一篇論文。就絕大多數人而言，上述陳述大半都為「事實」。不正確的陳述很容易都會被忽略，而包含事實的部分則會被注意到。

研究人員發現，倘若占星圖中的星座被拿掉，民眾就不能辨別哪段文字是在講他們自己的星座，但是只要把星座納入，他們就會認為有關於自己的星座運勢最為精確。

註 [1] 如果有人利用一些很普通、很廣泛且模糊的正面形容詞來形容某人時，大多數的人常會不經思索地接受，而且認為那說的就是自己。

講。莎拉的生日是 8 月 17 日，我的也是，還有我先生的也是。』」

那是種難以忘懷的巧合。那種巧合很有趣也很罕見，而且也可以說是千載難逢。

第 7 章

從哪個角度撞球
才容易入袋？

我們日常生活中所碰到的許多問題，都要用上「幾何」計算來解決。其中有許多問題都和運動有關。許多人都要擔憂了，不過請放心，通常我們都完全不必刻意去做數學，就可以解決這類問題。不管你對自己的複雜計算能力有何評價，你的頭腦中負責處理協調、平衡和控制的部位，的確是個計算天才。

《有趣的謎題…》

⊙如何輕鬆擊出最準的撞球角度？
⊙踢英式橄欖球的自由球時，最佳的位置在哪？
⊙遊客們該如何選擇瞻仰高大雕像時的絕妙位置？
⊙海灘遊俠們是如何選擇一條奔向美女的最佳路線？

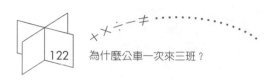

幾何學是生活的數學

　　去請教成年人，他們在學校學到的數學，哪個部分最沒有用。常見的反應是「全都沒用」。不過更深入探究，最可能引起煩悶哈欠的兩種題材就是「幾何學」[1]（geometry）和「三角學」[2]（trigonometry）。的確，有位美國朋友回憶，有次她在課堂上請教老師：「能不能請你說明，我們為什麼要學這種幾何學，還有這對我有什麼幫助？」顯然那位老師是完全被問倒了。

　　那麼事實或許就要令人意外，我們日常生活中所碰到的許多問題，都要用上幾何計算來解決。其中有許多問題都和運動有關。許多人都要擔憂了，不過請放心，通常我們都完全不必刻意去做數學，就可以解決這類問題。不管你對自己的複雜計算能力有何評價，你的頭腦中負責處理協調、平衡和控制的部位，的確是個計算天才。

註 [1] 幾何學是研究空間關係的一門數學。
註 [2] 討論三角形的各種幾何量之間的函數關聯，其實就是三角形的解析幾何。

　　就以接球為例。你知不知道，當別人拋出網球後從空中
向你飛來時，你的頭腦所要解決的問題是非常難用數學來描
述的？倘若你經常掉球，至少現在就有個好藉口。

打撞球的角度學問

　　許多球類運動都要用上幾何。司諾克撞球 [3]（Snooker）
就是個典型的例子。假定一場撞球賽打到如圖所示的狀況。
選手陷入困局。他必須擊出白球撞擊粉紅球，黑球卻擋在中
間無法直接撞擊。選手必須讓白球從檯邊反彈。問題是，他
該用白球瞄準檯邊的哪一點？

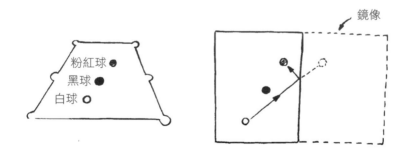

　　可以用一項簡單的原則來決定白球該碰觸檯邊的哪一
點。假定你在檯邊上平行擺放一面鏡子，你就會看到粉紅球

註[3] 簡單地說，此玩法是每次上場要先打紅球，紅球進了後再打色球，色球進了
　　　再打紅球……詳細的規則可參考國際體壇協會的相關規定。

的影像。選手應該用白球直接瞄準鏡中的粉紅球，接著就可
以讓檯邊完成其他的功能 [4]。（亞歷山大的海倫約在紀元前
75 年，遠在司諾克問世之前就知道這項原則。）

　　就以司諾克來講，或許你也曾經一邊看電視撞球比賽，
一邊自問，哪種打法最容易入袋，哪種又最難？請看下圖，
這是司諾克選手要碰上的三種打法。在 A、B 和 C 這三種狀
況下，你最沒有把握入袋的是哪一種？

黑球位於點 A、B 或 C

哪種打法最容易入袋？

　　選手最容易在打 B 球時失手。用一種數學公式可以證明
這點（請參見第 126 頁的「知識補給站」）。司諾克選手愈不
高明，公式就愈不精確。愈是打不準的選手，最容易失手的
黑球和球袋就愈接近。舉個極端的例子來講，極差勁選手根
本就不會運用母球，除了 A 位置之外，就幾乎完全無法入
袋。他們連打白球撞中黑球的機率都很低，更別提想要入
袋，於是最後就要完全落空！

註 [4] 這略過了球在檯邊上的旋轉現象。

【知識補給站】

為什麼「中間點」最難入袋？

優秀選手以白球瞄準某個方向時會極為精確，不過並不完美。選手的誤差可以用角度來表示，稱為「α角」。不然也可以稱為「弗列德角」（Fred），不過為什麼要打破數學慣例？

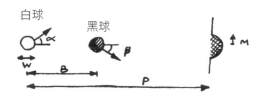

由於白球並非直線前進，因此黑球會偏離一個角度，我們就稱之為 β 角。頂尖司諾克選手的 α 角極微小，β 角也很小，這就表示我們可以得到精確近似值，結果為 $\sin(α) = α$。這裡就不做數學運算，最後會導出較簡單的近似值公式，於是黑球偏離球袋中心點（M）的距離便為：

$$M = (P - B)\,(B - W)\,/\,W$$

其中 W 是司諾克球之直徑，P 為白球中心點到球袋的距離，而 B 則為白球中心點到黑球中心點的距離。若 B＝P（黑球在球袋上空徘徊）或若 B＝W（黑球觸及白球），則誤差為 0。當 $B = \frac{1}{2} \times (P + W)$ 時誤差最大，這就略微超過白球到球袋的距離之半。

踢英式橄欖球的自由球，最佳得分位置在哪？

另有種運動員看來是已經解決了一項幾何問題，那就是英式橄欖球踢球員。

英式橄欖球隊達陣時可以令球跨線得分。接著球隊還可以踢自由球加分。根據踢自由球規則，踢球員可以把球擺在達陣得分線之垂線上的任何位置。

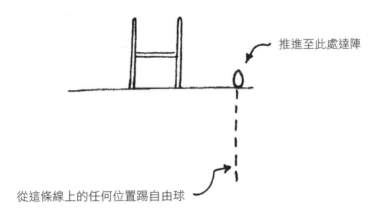

推進至此處達陣

從這條線上的任何位置踢自由球

踢球員該把球擺在哪裡？倘若他把球擺在達陣線上就會很靠近兩門柱，不過這樣他就看不到門柱間隙。倘若他把球

擺在另外半場處，他就會幾乎正對兩門柱，不過距離太遠，
這時兩柱間距看來就會非常接近。倘若是把踢球位置擺在這
兩者之間，兩門柱間的夾角就會較大，而且總會有角度最大
的一點。問題是這點在哪裡？（嚴格來講，我們必須略過橄
欖球轉向和踢球員能夠踢到的距離等事項。）

　　結果發現，這是種幾何問題並有簡潔答案。畫個圓通過
兩根門柱並切過自由球加分線。這時圓和線的相切點就是最
佳踢球位置（請參見第 129 頁的「知識補給站」）。

　　順道一提，這項解答有個例外狀況。倘若是推進到兩門
柱之間達陣，那麼踢球員就應該按照本身偏好，把球儘量靠
近門柱擺放。這時，球愈接近兩門柱，踢球點和門柱所形成
之夾角就會愈大。這樣做的唯一問題就是，要怎樣把球踢高
跨越橫桿，倘若踢球員把球擺在達陣線上，他就不可能進門
加分！

【知識補給站】

從切點踢球

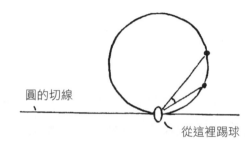

踢球線為正切線 　　　　圓的切線　　　　　　　　　　從這裡踢球

　　踢球員的目標是踢進兩門柱之間，倘若其夾角為 10 度，那麼從這個圓上的任意點對兩門柱的夾角都為 10 度，從圓外任意點的夾角就永遠較小。換句話說，踢球線上其他任意點對門柱的夾角，都小於圓和線的切點對門柱之夾角。

遊客們要如何輕鬆地瞻仰雕像英姿？

　　除了英式橄欖球之外，還有其他狀況也必須考量最佳角度。觀光客最常遇見一種狀況，那就是瞻仰聳立的雕像，這時他們要解決的問題全無二致。

　　「納爾遜紀念碑」（Nelson's Column）座落於特拉法加廣場（Trafalgar Square）中央，這就是個好例子。納爾遜本人個子非常高。事實上，雕像從頭到腳就高達 5 公尺，而基座則為 49 公尺高。

　　倘若你站的位置很靠近基座底部，只要伸長脖子還是可以看到納爾遜全像，不過由於觀察角度很小，因此他看來就會很矮。因此你就會開始倒退，一邊避開其他遊客和鴿子。這樣一來，觀察角度就會放大，那位海軍上將的形象也會比較好看。然而，這卻不是愈遠就愈好。你沿著白廳街（Whitehall）後退，固然可以從側面較佳角度來觀賞雕像，不過距離就會變得相當遠，必須用上望遠鏡才看得到他。在你沿途某處有個最佳觀賞點，從那裡就能夠以最大可能角

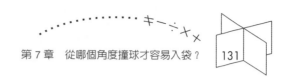

度，來觀賞納爾遜展現英姿。而這和英式橄欖球問題是一體兩面。

納爾遜紀念碑

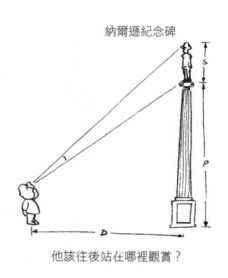

他該往後站在哪裡觀賞？

　　這時也要畫個圓通過納爾遜的帽子和腳趾（參見第 132 頁圖），你的雙眼和圓的切點就是最佳觀賞位置。有個公式可以算出「你站立的位置和雕像底部應該距離多遠」。這項公式假設地面是平坦的，假定這是事實，那麼算出距離約等於 50 公尺。不過特拉法加廣場是位於和緩斜坡，因此 50 公尺並不完全精確，卻也很接近了。根據我們的估計，這就表示正面觀賞納爾遜的最佳地點，是位於查理一世騎馬雕像附近，不過要小心不要被公車壓扁。不然就爬上白廳屋頂站在

護緣旁邊，從這個角度看，脖子也不會酸痛。（站上那裡有沒有什麼獎勵，能不能在人行道上鑲面金匾？）

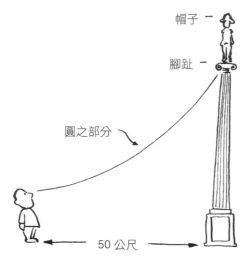

帽子 —

腳趾 —

圓之部分

間隔 D 距離來觀賞 P 高度基座上的 S 高度雕像之公式為：

$$D = \sqrt{S \times P + P^2}$$

50 公尺

本公式也適用於其他雕像。根據我們的計算結果，觀賞里約熱內盧的「救世基督像」（Redeemer）的最佳距離約為 17 公尺。你可以從雕像倒退站在環繞基座的小公園區中，在那裡看到的雕像最大。

觀賞自由女神像時，從距離基座 64 公尺遠處，可以取得最寬闊觀賞角度。這就表示，搭乘從曼哈頓啟航的渡輪，觀賞自由女神的視野最好。不過，花錢搭直升機還要更棒。

海灘遊俠們的戒護角度

　　愛嘲諷的人或許會說，熱衷美國電視影集《海灘遊俠》
（*Baywatch*）的數百萬觀眾比較感興趣的是曲線，不是角
度。不過，沙灘上也有個古典角度問題，而且救生員每次動
身拯救受難泳客，都要先解決這道難題。溺水泳客很難得會
正好就位於救生員的正前方。溺者都是在某個角度之處。救
生員必須先跑過沙灘，接著躍入海中游向泳客前往拯救。

　　救生員跑步的速率遠高於泳速，因此問題就是，他該朝
哪個方向前進，才能儘快抵達泳客？表面上看來，這時會有
兩種明顯抉擇：

　　一、正對泳客直線前進。所有人都知道，兩點間的最短

距離就是直線，因此這似乎是個合理的對策。

　　二、朝向從沙灘濱線對泳客受困位置成垂線的那點前進。從這點所需游過的距離最短，這也很合理，因為救生員跑得比游得快。

他該選擇哪一條？

　　沿著這兩條路線一定有快慢之別，至於採用哪一條較快，那就要看情況而定：要綜合考慮泳客距離多遠、救生員的泳速有多快，還有泳客受困位置的角度為何。然而，這兩條路徑都絕對不是最快的路線。實際上，最快的路線是介於兩者之間：

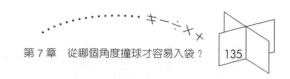

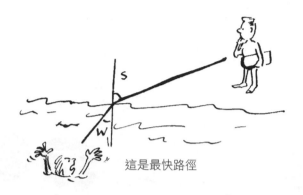

這是最快路徑

　　這條救生路徑正好就是光線通過玻璃的折射路徑。光線通過空氣進入玻璃就會減速，而光線從 A 點到 B 點，也始終會採取費時最短的路徑。

　　根據以下公式，可以算出正確的跑步角度：

$$\frac{\text{Sin}(s)}{\text{Sin}(w)} = \frac{\text{沙上跑速}}{\text{水中游速}}$$

　　因此，沉迷《海灘遊俠》節目的人，現在就可以宣稱，他們看這部影集純粹是為了做研究。「我只是在研究救生員的表現，看他是不是每次都採用最好的路線，去救那位衣服穿得很少的美女……」

第 8 章

密碼攻防戰

瑪麗女王爲什麼陷入處決的悲慘命運？是因爲她信奉天主教？或者是她涉入一場篡位的陰謀？這兩項因素都是，不過瑪麗被處決的導火線，卻是因爲她的祕密不小心被人發現了⋯⋯

《有趣的謎題⋯》

⊙瑪麗女王的密碼系統爲何被破解了？

⊙凱撒大帝的密碼系統到底有多遜？

⊙古老的「斯凱人利」密碼裝置與木棍有什麼關係？

⊙現代密碼學中的「陷門」究竟如何讓解碼客們束手無策？

瑪麗女王的死因

　　1587 年，蘇格蘭瑪麗女王被人從她的房間帶走處決，下令行刑的是英國女王伊莉莎白一世。

　　瑪麗女王為什麼陷入這種悲慘命運？難道是由於她信奉天主教，而英國當時卻是由新教徒掌權？或者是因為她涉入篡位陰謀？這兩項因素共同把她推向命定天數，不過瑪麗被處決的導火線，卻是她沒有保守一項祕密。

　　其實她並沒有故意洩密。瑪麗使用一套密碼系統加密以便向同黨傳達信息。結果很慘，有份提到她本人的信息，卻被伊莉莎白的特務頭子沃爾辛厄姆（Francis Walsingham）攔下來，特務組織輕鬆破解信息並發現充分內情，可以據此制止這整個陰謀。

　　在蘇格蘭瑪麗女王之前，信息守密的難題就已經存在了許多個世紀。政府、軍隊特別需要能夠祕密傳遞資訊的系統，希望就算資訊沒有如願送抵目的地，也還能保守機密。由於傳遞過程偶會出錯，獲得信息的人有多種巧妙解碼作法，因此密碼系統便日新月異，成為一門精密學科。

　　不過，儘管編寫和破解密碼通常都和戰爭有關，加密的重要性卻是於今尤烈。如今，西方社會的所有人，就算本身並不知情，但其實每天都會例行收送加密信息。電子資訊大半是以加密傳送：從自動提款卡和金融轉帳，到電子郵件與衛星電視都是如此。

　　這種加密作業的背後有複雜的電子學基礎，也肯定不是本章要討論的課題。我們感興趣的是編碼、解碼所牽涉到的數學原理，這至少可以追溯自兩千多年前的「伯羅奔尼撒戰爭」（Peloponnesian Wars）。

早期的密碼系統

　　已知最早的密碼都是作為軍事用途。這要感謝希羅多德（Herodotus）和其他希臘歷史學家，讓我們認識這些密碼。斯巴達領袖萊森德（Lysander）用過一種裝置，稱為「斯凱大利」（scytale，即「密碼棒」，發音和義大利押韻）。傳送信息的人有根一端略細的木棍，也就是斯凱大利，並在上面纏繞長皮帶。他沿著皮帶寫下信息，解開後看起來就是一組毫無意義的字母。他把皮帶拿給收信的人，那邊也會有根一模一樣的斯凱大利，因此只要採反向步驟就可以閱讀信息。這項裝置的關鍵部分在於一端略細。倘若斯凱大利是根尋常圓柱棒，信息裡的加密字母就會均勻間隔。然而，採用了一端較細的外型，加密字母就會呈不規則排列，因此，除非能知道棍子的正確尺寸，還有擺放皮帶的起點位置，否則要解開密碼就會困難得多。

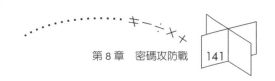

凱撒大帝喜歡使用另一種加密作法。他使用一套簡單的代換系統。加密時要把字母順序移動三位。羅馬文字只使用 23 個字母，沒有 J、U 和 W。因此凱撒的解碼鑰如下：

明碼：A B C D E F G H I K L M N O P Q R S T V X Y Z

密碼：D E F G H I K L M N O P Q R S T V X Y Z A B C

於是他簽名時，就該把「CAESAR」寫成「FDHXDV」。從此以後，這套加密法就稱為「凱撒系統」（Caesar system）。

【知識補給站】

代碼和密碼

機密信息可以區分為兩類：「代碼」（code）和「密碼」（cipher）。從前外交官經常使用代碼。使用代碼是以單字或句子為單位，逐一轉譯成其他單字或甚至譯成符號。好比「國王」始終以「我姑媽」來表示。收信人要使用暗碼簿來譯出信息。

密碼較常用於軍事用途。有些密碼是將個別字母轉譯成其他字母或符號所構成，這就是「代換式密碼」（substitution cipher）。較高明的密碼還把文字順序打散。這就稱為「轉置式密碼」（transposition cipher）。

「現代密碼學」（modern cryptography）幾乎毫無例外都是採用密碼加密。

VENI VIDI VICI!
（我來、我見、我征服！）

那是種密語吧？

　　奧古斯都大帝（Emperor Augustus）顯然喜歡這個點子，因為他也採用了相仿系統，不過他覺得移動三位太複雜了。他的作法只採用字母單一位移。「AVGVSTVS」變為「BXHXTVXT」。由於凱撒的技術早就公開並廣為流傳（連凱撒本人都要宣揚），也難怪奧古斯都的信息根本就毫無隱密可言。

　　凱撒密碼可以用數學來描述。這裡就用現代英文字母舉例如下：

明碼

ABCDEFGHIJKLMNOPQRSTUVWXYZ

密碼

DEFGHIJKLMNOPQRSTUVWXYZABC

　　首先把英文字母轉換成數字 1 到 26：

字母

A B C D E F G H I J K L M N O P Q R S T U V W X Y Z

數字

　1 2 3 4 5 6 7 8 9 10 11 12 13 14 15 16 17 18 19 20 21 22 23 24 25 26

　　密碼也做相同轉換：

字母

D E F G H I J K L M N O P Q R S T U V W X Y Z A B C

數字

　4 5 6 7 8 9 10 11 12 13 14 15 16 17 18 19 20 21 22 23 24 25 26 1 2 3

　　這個序列符合這個等式：密碼＝明碼十 3，不過從第 24 個字母 X 開始就不適用。字母 X 並不轉換為 27，而是 1（也就是 A）。這可以用「模運算」（modulo arithmetic）輕鬆算出，小孩子有時會把這種算法叫做「時鐘運算」。就本例而言，每次數字超過 26，就減去 26 的倍數，一直到答案介於 1 到 26 之間為止。

　　因此這個密碼的公式為：

密碼＝明碼十 3（mod 26）

　　密碼加上 23 就能還原信息，因此我們也能找到代碼破

解公式。這就是解開密碼的「鑰匙」：明碼＝密碼＋23
（mod 26）。

　　這些例子都十分簡單，幾乎不需要把密碼轉換為公式。
隨著密碼愈加複雜，狀況就不同了，稍後你就會看到。事實
上，模運算在當代所用的較複雜密碼系統中扮演關鍵角色。
不過，首先讓我們稍微瀏覽一下幾種較巧妙的加密作法。

【知識補給站】

時鐘運算（或模運算）

　　孩子在學認時間之時，也等於是在學習時鐘運算或模運算。4 點
又過 13 個小時是幾點鐘？可不是 17 點，答案是 5 點鐘。拿 17 減去 12
的倍數，最後求出介於 1 和 12 之間的數字。

　　就是因為這樣，才會產生底下這個謎題：「有個人累壞了，在 9 點
鐘上床睡覺，同時調整他的發條鬧鐘，打算在隔天早上 10 點鐘醒過
來。他可以睡幾個小時？」小孩子常會回答 13 個小時，或者大約那麼
久，當然你馬上就會看出，他只能睡 1 個小時，因為鬧鐘會在當晚 10
點鐘響起。

代換密碼

蘇格蘭瑪麗女王的密碼確實很優秀,至少比凱撒的高明。她的作法必須把整套字母打散,還要插入虛設字母和符號,讓問題更為難解。好比用字母 B 來代表 C,而 E 則是用 Z 來代表。不過,這種密碼還是逃不過頻率分析的法眼(見第 147 頁的「知識補給站」)。

最早克服頻率問題的技術是定期變換所使用的代碼。以下句子就是用了這種技術來編碼,或許你會想動手破解:

This sentencf ibt cggp gpetarvgf da wukpi vjg ngvvgt e vq ujkhv vjg coskdehw eb rqh hdfk wlph lw lv klw

這個句子的解讀結果在本頁腳註。[1]

這句加密文字所含單字還是可以從長度來辨識,不過也就是基於這個原因,編寫密碼的人都喜歡略過字間空白,而且每五個字母組成一群。於是要解讀就難得多了,上列句子

註 [1] This sentence has been encrypted by using the letter c to shift the alphabet by one each time it is hit. (本句加密時每碰到 C 字母,隨後就將字母順序移動一位。)

轉變如下：

thiss enten cfibt cggpg petar vgfda……等等。

這類密碼很方便使用，因為只需要簡單說明就能解讀密碼。收信人只需要知道「C 1」即可，這就表示 C 是轉移字母，而 1 則代表字母順序每次移動一位。理想代碼要能根據「密鑰」（key）輕鬆破解，而且沒有密鑰就不可能破解。過去戰爭時，間諜之所以會被識破，通常是由於他們隨身攜帶的筆記簿，裡面記載了複雜的解碼系統。敵人很容易就能找到筆記簿，但若是要查出 C 1 這種簡單的說明，那就難得多了。

【知識補給站】

頻率分析是字母拼盤遊戲的要素

沃爾辛厄姆就是用「頻率分析」（frequency analysis）來破解瑪麗女王的代碼。部分英文字母在文件中的出現次數遠超過其他字母。最常出現並遙遙領先的字母是 E，其次是 T。事實上，若是文件很長，其中模式就會非常容易預測：

ETNROAISDLHCFPUMYGWVBXQKJZ

圖示長條代表在大批政府電報中，个同字母的出現次數。由於次數分配並不平均，而且字母 E、T、N、R、O 和 A 的累計出現次數，占了所用字母總次數的半數以上，因此很快就能破解簡單的代碼。這就是為什麼比較精妙的技術都必須特別處理 E 字母，不要使用相同符號來代表所有的 E。德國在二次世界大戰時期使用的「謎」密碼機（Enigma），每處理一個字母都移動順序，於是次數分配就幾乎完全呈水平線。因此「謎」機器才會那麼難破解。儘管如此，解碼人員還是要借助頻率分析，也致力於搜尋任何反常模式，這還是他們的主要工具。

＊請注意這種字母分配和字母拼盤遊戲（Scrabble）分數的關連。字母出現頻率愈低，字母拼盤得分愈高，大體上是如此。最反常的顯然就是 U，只能得一分。難怪手裡這些 U 會這麼難出清……

矩陣代換

　　倘若密碼並不以個別字母為單位，而是採用雙字母組來編寫，這時要破解就更難了。舉個簡單的代換密碼為例，信息「A CAB」可以轉譯為「D FDE」，不過，倘若用「柵格」（grid）來把字母配對，雙雙譯為密碼，那就更微妙了。於是「A CAB」就變成「AC AB」，接著就用以下柵格來譯為密碼：

　　這時 AC 就變成 JW，而 AB 則變為 GP。結果「A CAB」就變成「J WGP」，而且轉譯之後，字母 A 就分別變為兩個不同字母，J 和 G。這時就不只是要破解 26 個符號，而是要

處理 26×26 或 676 對符號了。這會讓想要破解密碼的人很頭痛，然而，這時就連獲准解碼的人也要倒楣，因為他必須參照龐大的矩陣來解讀。倘若解碼鑰能夠簡單一點，那不是更好嗎？可不可以做個很小的矩陣，來發揮相同的功能？是有個這種矩陣！

把字母 A 到 Z 轉換成數字 1 到 26，就可以使用兩個公式來產生上述密碼柵格。這兩項公式中的 P_1 和 P_2 是轉換後的數字，代表明文中的字母組（例如：A、B 就為 1、2），而 C_1 和 C_2 則為加密文字：

$$C_1 = 1 \times P_1 + 3 \times P_2 \ (mod\ 26)$$
$$C_2 = 2 \times P_1 + 7 \times P_2 \ (mod\ 26)$$

就以 AB 字母組為例，其數字模式便為 1,2。

第一個字母得數為 7（字母 G），而第二個便為 16（字母 P）。因此 AB 加密後便成為 GP。

現在就可以用正確解碼公式反向進行，就本例則為：

$$P_1 = 7 \times C_1 + 23 \times C_2 \ (mod\ 26)$$
$$P_2 = 24 \times C_1 + 1 \times C_2 \ (mod\ 26)$$

我們也可以驗證這項。字母 G 為 7 且字母 P 為 16。於是

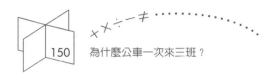

得到：

$$P_1 = 7 \times 7 + 23 \times 16 \ (mod\ 26)$$

$$= 417 \ (mod\ 26)$$

$$= 1$$

$$= (A)$$

$$P_2 = 24 \times 7 + 1 \times 16 \ (mod\ 26)$$

$$= 184 \ (mod\ 26)$$

$$= 2$$

$$= (B)$$

　　嘿，很靈耶！這下譯碼人員出勤時，只要帶著 7、23、24、1 這四個數字，就可以當作公式解碼鑰。而且他還可以把這四個數字寫成「矩陣」（matrix，參見第 151 頁的「知識補給站」）。提醒你，計算過程非常恐怖，這時就要用上電腦了。

【知識補給站】

鎖和鑰，矩陣的新用途！

十九世紀的數學家制定了一種陳述方程式的新方法──矩陣。

這個矩陣的意義和前頁所述的兩個加密公式一模一樣，只是更為簡潔。把第一個矩陣（mod 26）倒置成為「逆矩陣」，這就是「加密矩陣」：

矩陣可以作為鎖和鑰，並用在情報偵搜和加密作業，學校卻從來沒有講過這種精彩用途！

轉置式密碼

前面所提到的密碼實例都有個問題，信息中的字母順序都沒有改變。倘若把字母順序打散，好比寫成回文顛倒形式，要解讀時就會難上加難。這裡就舉一個非常簡單的轉置技術，先把信息寫成矩形格式。例如：WE HAVE RUN OUT OF BEER 就可以寫成：

WEHAVE

RUNOUT

OFBEER

接著再從上向下閱讀，並加密寫成：

WROEUFHNBAOEVUEETR

矩形的長寬規格決定打散的順序，還可以把規格寫在信息最前面並一起傳遞。例如：可以用 DEAR（4 個字母）MOTHER（6 個字母）來代表 4×6 的矩形。美國內戰期間，北軍就曾經使用這項技術的變化型。

【知識補給站】

北軍是如何在密碼戰擊敗南軍？

　　「密碼學」在美國內戰期間扮演重要角色。不可諱言，當時北方聯盟的規模遠不如南方邦聯。林肯領導的北方聯盟使用轉置密碼，並嚴格規定要定期更換解碼鑰。儘管邦聯攔截到信息卻是難以破解，他們束手無策，甚至還在邦聯報紙上刊出所截獲的聯盟信息，詢問民眾是否能夠協助找出解法。

　　同時，邦聯本身所用的密碼就比較雜亂，有些將軍甚至還仰賴凱撒的作法。不用說，他們有許多信息都被敵軍破解。

　　若是結合使用轉置和代換法，要破解就真的要讓人頭痛了。不過，還有更讓人頭痛的，那就是「陷門」（trapdoor）……

陷門和真正無解的密碼

　　至此你還沒有看到密碼學背後的最主要原理。要了解現代密碼學如何生效，你就必須根據我們討論過的內容，來想像更複雜十億倍的作法。那就是電腦的貢獻。

　　近幾年來，密碼譯解專家設計的密碼相當高明，有人還認為幾乎稱得上完美，很容易用電腦來編寫、解讀，卻又不可能破解，就算是全世界威力最強大的機器也辦不到。

　　多年以來，許多數學教授就是在象牙塔中鑽研「數論」[2]（number theory），這是數學的純學術研究領域。這項抽象學問，在從前幾乎是沒有任何實際用途。到了 1976 年，情況卻有改變。數論學家狄飛（Diffie）、赫爾曼（Hellman）和麥克兒（Merkle）在當年向世界宣布，他們發現了所謂的「陷門函數」（trapdoor function），並且認為這就是密碼術的理想工具。

註 [2] 數論是一門歷史悠久的數學，以嚴格和簡潔著稱，它主要是在研究整數的性質及關係。

由於這類密碼具有「單向」特性，因此才稱為陷門密碼。不管是誰都很容易墜落陷門，而除非你有合用的「梯子」，否則要出來就難得多了。

底下就是個數學陷門。計時測量你要花多久來解開以下兩道問題：

問題 1：13×23 等於幾？

問題 2：哪兩個數字相乘可得 323 ？

〔問題 1〕很容易算，用計算機馬上可以求出答案為299。解〔問題 2〕要嘗試錯誤，因此花的時間會長得多。答案是 17×19。這是唯一解，因為 17 和 19 都是質數，也就是除了 1 和本身之外都無法整除的數。

把數字 17 和 19 相乘很容易，要算出 323 的因數就難得多了。那麼，想像若是改選兩個百位數的質數，那會有多困難。用電腦把兩數相乘只需要幾秒鐘。若是只知道乘積，要用電腦來算出那兩個質數，就要演算龐大次數做嘗試，因此就會花上好幾百萬年，這就是陷門的祕密。

譯碼人員使用陷門密碼來編碼時，首先要私下選定兩個龐大的質數，（好比）各有 100 個位數。把這兩個數字相乘，所產生的數字還要更為龐大，長度達 200 位，我們就稱

之為 M。最後，譯碼人員再選出第三個質數。這不需要很大，好比 101 就可以了。這裡就稱之為 P。

把原始信息字母分別翻譯成數字。例如：設 A ＝ 01、B ＝ 02 等等，於是「SEND MORE MONEY」信息就會變成「1905140413151805131514 0525」。接著就要譯成密碼，這時就會變得很複雜。

把訊息數字改成 P 乘冪，不過這時是使用模運算。前面的例子是使用 mod 26 來轉譯，那只能算小兒科，陷門函數是使用模 M，而 M 是用兩個大質數求出的 200 位數字。因此結果就會產生一個約 200 位數的數字。求出的 200 位數代表原始信息，其形式卻是完全無法閱讀（請記住，原始信息是「SEND MORE MONEY」，只有 26 位數，因此看來和加密信息完全迥異）。

　　這時，送信人就告訴解譯人員說：「好，來破解這個東西！」解譯人員要先找出 M 的兩個質數，才能逆向算出結果。就算他是用全世界威力最強大的電腦，也要花 100 萬年才能辦到。不過，只要解碼人員知道原來的那兩個質數，就能用電腦以極端高速解讀原始信息。那兩個質數就相當於階梯，可以穿越陷門回到原地。

　　目前有幾種數學技術可以用來防範非法閱讀電子郵件、銀行存款餘額或收看衛星電視，或許陷門函數可以算是箇中精華。自陷門函數問世以來，這個原本屬於業餘天才的領域，已經轉變為最高明的數學專家才能掌握的學門。

　　不過，其中樂趣也因此喪失。

第 9 章

爲什麼公車一次來三班？

所有人都知道，每次想搭公車的時候都要等上天長地久，但接著一來就是三班。這是常見的都市之謎，數學家也確實會認爲這是個謎團。因爲通常公車並不是一來就三班，而是兩兩出現⋯⋯

《有趣的謎題⋯》

⊙錯過公車，你該鼓掌叫好？！

⊙公車眞的是一來就三班，還是兩班⋯⋯

⊙爲什麼總是看到公車反方向離去？

⊙雨中該跑還是該漫步，才不會被淋濕？

錯過公車有可能是好事

　　所有人都知道，每次想搭公車時都要等上天長地久，接著一來就是三班。這是常見的都市之謎，而且至少頻繁得可以用來當作書名。不過，數學家也確實會認為是個謎團。因為通常公車並不是一來就三班，而是兩兩出現，讀者在第163 頁的「知識補給站」中可以看出其中原因。

　　不過，眼前就暫時假定，公車的確一來就三班。如果這是事實的話，那麼通勤乘客的惡夢根本就不是惡夢。

　　或許你每次有重要約會的時候也都很倒楣，老是要錯過公車。或許你會想像，錯過公車絕對不會是好事。不過，倘若公車都是成三出現，那麼恰好錯過一班公車，或許你還可

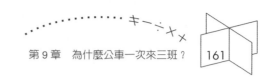

以預期會更快抵達目的地。

　　怎麼會這樣呢？錯過公車怎麼可能反而是好事？

　　我們鑽研公車現象之前，要先設計一種所謂的數學模式，也就是用虛構數字來簡化真實情況。只要假定合理，就能用模式來驗證構想，看出事情的脈絡。

　　假定公車總站每 15 分鐘發一班車。結果等到公車抵達你的候車亭，卻全都是三班集結為一群。為方便討論，就假設一群內各班公車的間隔都只有 1 分鐘。

　　既然這三班公車都是在某個 45 分鐘時段內由總站出發，那麼圖示兩群公車的間隔時段就必然是 43 分鐘。

集結之前

集結之後

　　現在假定你剛好看到一班公車離開你的候車亭。你並不知道那班車是一群公車中的哪一班。有可能是第一班，也可

能是中間或最後一班，機會均等。倘若那是第一或第二班，那麼你只需要等 1 分鐘，就可以等到下一班。然而，倘若那是第三班，那麼你就要等 43 分鐘。

這就表示，你等到下一班車的平均時段長度為：

$$\frac{1\ 分鐘＋1\ 分鐘＋43\ 分鐘}{3} = 15\ 分鐘$$

不過，倘若當你來到候車亭之時，並沒有看到公車呢？換句話說，倘若你並不是恰好錯過公車，那又會如何呢？這就表示，你是在公車兩種間隔之一的時段間抵達。或許你剛好逮到 1 分鐘間隔時段。不過，你也有 $\frac{43}{45}$ 的機會是碰上較長間隔。而且你抵達的時間，還可能是位於長間隔時段之間的任何時刻。你或許要從 43 分鐘的起點開始等起，也或許是從終點開始，那麼下班公車就要到站。因此，這時你的平均候車時間就是 $\frac{(43＋0)}{2} = 21.5$ 分鐘。若是你抵達候車亭之時，並沒有看到公車離站，而且我們還把你在 1 分鐘間隔時段抵達的微小機會也納入，並略做調整，那麼你等車的時間還要更長，超過看到公車離站的狀況。若你沒有看到公車離站，平均就要多等 5 分多鐘。

那就是為什麼，恰好錯過公車有可能會讓你更快完成整

【知識補給站】

公車真的一來就是三班嗎？

車班集結成群絕對不是公車公司無能所造成的。這種集結現象純粹是生活中的現實。就算總站每 15 分鐘準時發車，乘客來到候車亭的時間卻不是那麼精確。絕大多數乘客都是隨機抵達。

很可能在公車路線某點上，會突然有大批乘客抵達，當然搭車上下時也要刷卡投幣。這種行為會讓公車慢下來，也因此到了下一站時，就會需要搭載更多旅客。

這樣一來，下一班公車就會愈來愈接近前一班。況且，由於在兩班車的間隔期間抵達的乘客人數也要減少，於是第二班公車要搭載的乘客還要更少。因此第二班公車還會行進得更快。這時兩班公車就會陷入一種惡性循環，所以第二班車就幾乎肯定會趕上第一班，結果這兩班車就會雙雙完成旅程。這就是為什麼公車常會兩兩成群。

公車行進的路線愈長，就愈可能和另一班車集結成群。果真有三班公車聚集並列，也比較可能是在接近漫長行程的終點時出現。這種現象也比較常見於班車相距很近的狀況，換句話說，就是車班較為密集的公車路線。這還真是諷刺，「最好」的公車路線卻變成最會集結成群，也最容易引來罵名的路線。

段旅程。

　　然而，這種怪異的結果有個先決條件，那就是公車確實會每三班集結。不過，第 163 頁的「知識補給站」可以證明，公車比較可能兩兩聚集，卻較少成三集結。倘若公車是兩兩集結，那麼結果是就算你恰好錯過公車，也不會影響候車時間長度。

　　倘若公車完全不集結成群，這時若乘客錯過公車，情況就最糟糕了。這時錯過公車絕對就要等 15 分鐘，而這時若是沒有看到公車，就表示平均要候車 7.5 分鐘。不過，倘若你看到公車離開，至少你就知道今天他們還在營運……

為什麼總是看到公車朝反方向離去？

　　另外有個問題和公車集結有關，這種現象很怪，實際上也可能發生。假定你的候車亭很接近公車路線終點。公車到終點就要掉頭向起點開回去。你也注意到，不管你在任何時間前往候車，幾乎每次都會先看到你的公車朝反方向離去，隨後才會看到你要搭的方向。這感覺上就像是串通好的，你是否應該寫信去抱怨？要解釋這種公車方向不平均的問題，請看第 166 頁的「知識補給站」中相仿的送花情節。

　　我們先替你的公車路線擬定幾個時間。你的候車亭距離路線終點只有 1 分鐘，而且公車繞完整條路線要花 15 分鐘。這就表示，你的公車每 15 分鐘就來一班。你抵達時，公車有可能在較長路線行進，也就是你在那 13 分鐘間隔期間來到候車亭，不然你也可能是在公車開抵終點並掉頭回駛的那 2 分鐘間隔期間抵達。

　　只要你是隨機抵達，那麼你就比較可能在較長間隔期間抵達，機率是 13 比 2，因此你看到的第一班公車，就會在道

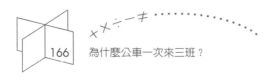
【知識補給站】

花為什麼全都送到莎拉手中？

　　菲爾有兩位女朋友，他去探望女友時都搭火車。貝姬住在城北，莎拉則住在城南。由於菲爾猶豫不決，不知道該去探視哪位，因此他打算碰運氣來決定。每天他都隨機在不同時間來到車站，倘若北上列車先抵達，他就去找貝姬；若是南下列車先抵達，他就去看莎拉。幾個月之後，菲爾開始覺得命運有安排，因為他只探視了貝姬 2 次，去找莎拉卻達 28 次。這該如何解釋？

　　答案和列車頻率完全無關。北上南下的火車班次相等。其實其中原因還非常單純。南下的列車在整點和每小時的 15、30 與 45 分鐘時抵達菲爾候車的車站；而北上的列車則是在每小時的 01、16、31 和 46 分鐘時抵達。

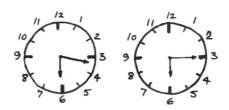

下班列車為北上　　下班列車為南下

　　因此，倘若菲爾是在隨機時間抵達，那麼他就比較可能在南下列車到站前之較長間隔期間抵達，同時比較不可能在南下列車剛走、北上列車到站前之較短間隔期間抵達（事實上機率為 14 倍）。

路另一側行駛，並正要前往終點站。事實上，只要是每隔
15 分鐘發一班車，不管有多少輛公車在你的路線上行駛都
沒有關係。因此，儘管你會覺得，在道路另一側行駛的公車
班次比你這側的多，事實上卻不是如此。

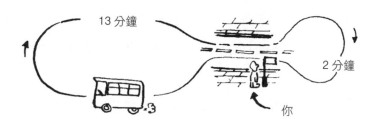

在雨中跑多快才不會被淋濕？

　　本章談了很多有關於等公車和火車的事情。當然，偶爾大眾運輸系統也會失靈，到最後你根本就必須走路。倘若這時還下起了大雨，而且你的雨傘也不在手邊，那麼問題就更大條了。

　　這裡有個老問題：「你是應該跑步或走路？」若是你決定開跑，想想原本打不到身上的許多雨點，這下你都要撞上了。那麼就走路吧，這樣你在雨中就會待得更長，肩上也淋個濕透。多年以來都有些人認真構思，從數學角度來鑽研這個問題。結論始終都是，若想盡量保持乾燥，你就應該全力奔跑。或許你根據常識就知道這點。

　　然而，這道問題還有個意外轉折。標準答案假定雨點是垂直落下。倘若下雨時還刮風，雨點是以某個角度下墜，那時又會如何？

　　當雨點垂直下墜，而你站立不動，雨點只會打到你的頭頂肩上。然而，倘若有風從你背後吹來，那麼就算你靜靜站著，還是有部分雨點會淋到你的後背。這就猶如雨點除了垂

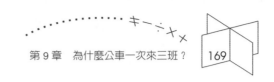

直下墜之外，還會橫向撲來。雨點有水平速率。這個意外轉折就是，當雨點從你後方撲來，有時候最好還是走路，不要奔跑。不過，這只有當你的移動速率，能夠超過雨點的水平速率之時才管用。

偶爾高速也會有缺點

　　第 170 頁的「知識補給站」中所列出的公式，可以求出你會淋得多濕。不過這裡先做個摘要，總結如下：

　　倘若你的體格普通，而且雨點是從你後方撲來，並約等於漫步的速率，那麼你沿途緩步前進時被淋到的雨量，就會少於全速奔跑的狀況。

　　換句話說，在某些情況下，走路會比跑步更好！
　　顯然這個結果並不合常理。其原因是，倘若你在前述狀

【知識補給站】

身在雨中，有時候走路會比跑步更能保持乾燥

假定降雨角度為 K，而且
是從行人後方撲來。

　　這裡就假定行人是個矩形木塊，這樣計算比較簡單。（把頭腳綁在一起並去掉頭部，外形還真相像。）我們考慮到七項因素：

V：雨點下落速率

K：雨點下落角度

D：雨點密度（仟克／每立方公尺）

A_t：行人之頂部面積

A_f：行人之正面面積

H：行人與目的地之距離

V_p：行人之奔跑速率

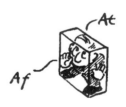

況下以較高速奔跑，儘管回家所花的時間會縮短，但是你的
正面多淋到的雨量，就會超過頭部少淋到的雨量！

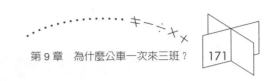

這裡沒有充分篇幅來做完整代數運算，不過我們制定下列公式的作法是，分別計算行人的正面和頂面會淋到多少雨水，接著再把兩項累加起來。

假定行人的移動速率至少和雨點水平速率相等，則落於行人身上的雨水總仟克數便為：

$$DA_f H + \frac{DHA_t\, V cosk}{V_p}\left(1 - \frac{A_f}{A_t}\, tank\right)$$

本公式的重點在於括號中的那筆算式。倘若 $\frac{A_f}{A_t}\, tanK$ 之解大於 1.0，則等號右側便為負值；也就是打在行人身上的雨量會減少。行人可以控制自己的跑速 V_p，盡可能保持乾燥，倘若 $\frac{A_f}{A_t}\, tanK$ 之解大於 1，那麼他就應該保持跑速，不要超過雨點的水平速率。（來次深呼吸！）

通常，一個人的正面對頂部之面積比值約等於 5.0。既然 15 度之正切值約等於 0.2，這就代表若是雨點之下墜角大於 15 度，則不用雨傘時就應該和雨點的水平速率等速移動，這樣跑回家最能保持乾燥。

當然，等到你完全想通，身上就淋得更濕了，反而是乾脆不要知道這項公式還比較好！

第 10 章

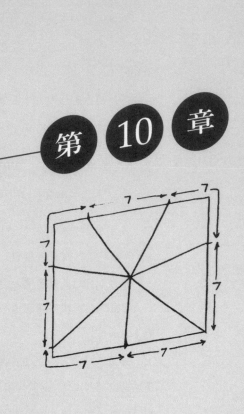

怎樣切蛋糕最好？

切蛋糕這種簡單動作，本身就隱含各式各樣的數學原理，還有許多是從維多利亞時代開始，就已經被人當成謎題。常看到媽媽煩惱怎麼幫小孩子們分蛋糕，通常，孩子們都不相信媽媽有辦法完全公平分配，也都自認會吃虧。媽媽要怎樣做，才能讓孩子們都覺得心服口服？

《有趣的謎題⋯》

⊙先倒牛奶還是先倒茶？

⊙七人份的蛋糕要怎麼切？

⊙用心理戰術分蛋糕⋯⋯？

⊙火腿三明治也有奧妙定理？

⊙下午茶的太太們，如何不內疚地吃到巧克力餅乾？

⊙不同顆馬鈴薯，也能找到一模一樣的馬鈴薯兄弟？

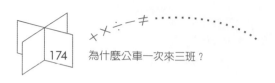

先倒牛奶還是先倒茶？

下午茶看來只是微不足道的例行活動，很難想像那會與數學有任何關係。然而，在那種下午四點鐘的溫馨儀式當中，卻隱藏了很有意思的問題，還可以用數學來幫忙解答。

就從核心活動開始——倒茶。飲茶的一項主要問題是，茶水溫度要適當。有時茶水太熱，茶杯一碰上嘴唇就把你燙傷，有時則是在你喝最後一口時太冷，只剩餘溫。鑽研物理學或主辦鄉村節慶的人，都特別會關心一道數學習題，那就是該如何維持杯中茶水的溫度。你是該先倒牛奶再倒茶呢，或者該倒茶再添加牛奶？其中確實有差異，不過先後順序卻常有爭議。

至於先倒牛奶對茶水滋味和對你的社會地位有何影響，那就完全是另一個問題了。

大體上大家都同意，先倒入牛奶可以讓茶水維持溫熱較久。其原因是物體喪失熱量的速率，要看本身與周圍環境之溫差來決定。不添加牛奶的高熱茶水一開始時溫度較高，也因此熱量會以較高速率散失，不過其差別十分微弱，很難偵

測得到。

　　若是使用廉價茶杯，先倒入熱茶還可能造成問題。厚瓷器碰到溫度突然改變時就可能會破裂。若是採用細緻薄杯，由於熱量會很快擴散到茶杯外表面，因此倒入熱茶也不會破裂。為什麼富裕社會階層的人，都流行先倒茶，這就是其中一項理由。這樣做就是在宣告：「我們的茶杯倒入熱茶並不會破裂。」

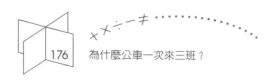
蛋糕聰明均分術

茶話說夠了。那麼蛋糕呢？切蛋糕這種簡單動作，本身就隱含了各式各樣的數學原理，還有許多是從維多利亞時代開始，就已經被人當成謎題。

就拿以下狀況為例。你要把生日蛋糕分給 8 個小孩。你該怎樣把蛋糕切成 8 等分，而且只能沿直線切 3 刀，同時還不能移動蛋糕的任何部分？

要求解就需要做點水平思考（和水平切法）。由上向下切 2 刀，接著第 3 刀則是橫向從蛋糕中央切過。

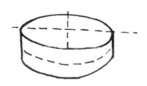

這用來解謎是非常妥當，不過倘若是真正的蛋糕，上面就會有糖霜和杏仁糖，那麼分到下層蛋糕的人，恐怕就要非常沮喪了。事實上，倘若你的蛋糕四周全都有糖霜，那麼還會浮現另一個問題。假定蛋糕是方形的，你要把它切成好幾

塊，每塊都要一模一樣，而且都要有等量的糖霜，這時該怎樣切？ 2 塊、4 塊或 8 塊都很簡單，只要把蛋糕對半切開，接著又分別對半切開就成了。不過，若是要切出奇數塊，那又該怎麼辦？有種切法不管要分給幾個人都合用，不過結果會有點偏斜。你只要把周邊區分相等長度就行了。好比，假定你有 7 位客人，那麼就把正方形的周邊，劃分為 7 個等長的部分。

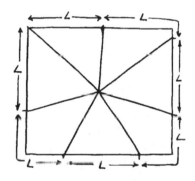

　　接著找出蛋糕的中心點，並如圖示從周長等分記號位置，分別切到中心點即可。7 份蛋糕分量相等，還有等量的糖霜，請參閱第 179 頁的「知識補給站」的說明。

　　用這個作法可以切開任何正多邊形的蛋糕。若是你想把三角形的蛋糕分為 10 份，就把周邊長度區分為 10 等分。牢記這項知識，因為有一天會有人烤出三角形的蛋糕……

公平分蛋糕的心理戰術

　　分蛋糕給小孩時，他們都會斤斤計較是否公平。一旦孩子認為蛋糕不是切得完全公平，他們都會等不及開始抱怨。成人很少大聲抱怨，不過他們私底下也會感到不滿。因此，你要怎樣才能保證蛋糕分得公平？我們就假定那是鮮奶油蛋糕，因此，第一次就絕對要把蛋糕切得圓滿，不會有第二次的機會。

　　首先提出一個簡單問題。媽媽給湯姆和凱蒂吃鮮奶油蛋糕，想要平均分給他們。兩個孩子都不相信媽媽有辦法完全公平分配，也都自認為會吃虧。媽媽要怎樣做，才能保證讓兩個孩子都覺得完全公平？

公平分配

【知識補給站】

周長切糕法

　　我們根據三角的簡單特性來證明「周長切糕法」可行。假定正方形蛋糕的邊長各為 10 英寸，你想要切開蛋糕均分為 5 份，每塊也都要有等量糖霜。以下的蛋糕已經根據周長記號切成 5 塊，切好後就全部擺在右側。方形蛋糕有 4 個角，包括角落的部分都再切成 2 個三角形，左圖周邊上的 a、b、c、d、e、f、g 和 h 各點也都標示於下圖。

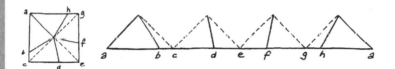

　　你只需要知道三角形的面積公式（面積＝$\frac{1}{2}$ 底長 × 高），就能算出每塊蛋糕的大小。

　　所有三角形的高度一致，都為 5 英寸（原方形蛋糕的單邊長之半）。每塊蛋糕的周長都為原周長的五分之一，也就是 8 英寸。因此，每塊蛋糕的面積都為 $\frac{1}{2}$ ×8×5 ＝ 20 平方英寸。

　　不管你要把蛋糕分成幾塊，都可以使用周長法。

【知識補給站】

火腿三明治定理

　　「火腿三明治定理」（ham sandwich theorem）是由塔基（John Tukey）和史東（Arthur Stone）這兩位數學家研究發展出來的一項有趣定理。

　　該定理說明，任意三件固體的體積都能以單一平面同時均分，而且不管這三件固體的位置、尺寸或外形為何都沒有關係。這項定理適用於任何三明治。這時三件固體就是兩片土司麵包和夾餡，而均分平面就是刀切面。

　　這表示不管夾餡或土司片的外形為何（而且兩片土司的形狀也可以不同），只要一刀就可以把三明治均分為一模一樣的兩半。不幸，這項定理並沒有告訴我們該從哪裡下刀，只是說明有這種切法！

　　答案是把刀子拿給湯姆，要他分糕，接著要凱蒂選擇一塊。湯姆要切糕，因此他會認為那兩半是一模一樣，而凱蒂

則會選擇她覺得比較大的那塊。順便一提，這還會產生一種有趣的現象。湯姆會認為留給他的那塊是正好均分，而凱蒂則會覺得，她拿走的那塊比均分還要大一點。湯姆的「均分」加上凱蒂的「比均分大一點」加起來大於 1。若依這種數學邏輯推論，結果就是孩子認為，那塊蛋糕到最後還比原來的更大！這對當父母的是個好消息，可以讓孩子心滿意足。

　　若是有 3 個孩子，問題就比較複雜了。我們就假定這時艾瑪也來了。最簡單的作法就是要湯姆把蛋糕切成 3 塊，接著要凱蒂先選，隨後讓艾瑪挑一塊。不幸，儘管凱蒂和艾瑪都會認為，她們選的蛋糕比湯姆的大，艾瑪卻可能覺得，凱蒂拿到的有可能是最大塊的。

　　這促成了「眼紅數學」（mathematics of envy）研究。幾位數學家都曾經針對這類問題下過功夫，結果發現幾種作法，可以把蛋糕切成 3 份，而且分到蛋糕的人，也都會認為自己拿到的最大。布拉姆斯（Steven Brams）和泰勒（Alan D. Taylor）還鑽研了切糕分給 4 人的問題。他們訂出嚇人作法，包括 20 個步驟，保證可以妥善均分蛋糕，還能讓所有人都認為，自己挑中的是最大塊的。這種作法的最大缺點是，過程要從其中一塊切下薄片。很少有人有那種耐心照本宣科，而且切軟蛋糕時還會亂七八糟黏成一團。

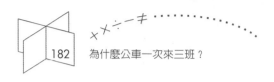

　　不過，布拉姆斯和泰勒發現，他們的程序不只是可以用
來切糕，還能用來分其他東西。其中也包括戰後領土劃分、
離婚怨偶的財產分配或甚至於分遺產。這一切都可以證明，
蛋糕和三明治都是很好的研究起點，能夠由此進入「公平數
學」（mathematics of justice）研究。不過，這兩者也都是研
究「內疚數學」（mathematics of guilt）的優異初階範疇。

來自餅乾的內疚數學

　　假定你和 4 位鄰居獲邀到住在 27 號的歐太太家喝茶。在你到達時，歐太太端出一壺茶，還有一碟 5 片餅乾。4 片是巧克力的，另一片是原味的。你猜想那 4 位鄰居中，多數都愛吃巧克力餅乾。那碟餅乾擺在桌上，大家都在聊天，前 3 位鄰居動手各拿走 1 片巧克力餅乾。

　　你看著碟子，裡面有 1 片巧克力的和 1 片原味的，於是你思忖：「倘若我拿那塊原味餅乾，吃起來並不過癮，不過這樣一來，我就不會覺得內疚。另一方面，倘若我拿巧克力餅乾，那會很好吃，不過我會感到內疚……我該怎麼辦呢？」

　　問題是，你拿走最後那片巧克力餅乾，真的應該感到內疚嗎？畢竟，倘若第 1 個人拿的是原味的餅乾，那麼往後 4 人就都只有巧克力餅乾可吃。因此，或許第 1 個人應該也要感到內疚，因為是她讓你陷入這種困境。第 2 位和第 3 位也一樣。

　　這個問題會牽涉到內疚數學，這個領域和機率有些關連。倘若 80% 的人比較喜歡吃巧克力餅乾，超過原味的，那

麼當第 1 位鄰居伸手取走 1 片巧克力餅乾之時，在其他鄰居當中，希望拿巧克力餅乾的比例，各約為 40%（算法為 0.8×0.8×0.8×0.8，這和第六章的生日運算雷同）。因此，第 1 位鄰居不必太感到內疚。不過，等到該你拿餅乾的時候，碟子裡就只剩下 1 片巧克力的和 1 片原味餅乾，這時另一位鄰居想要吃巧克力餅乾的機率，已經攀升到 80%。難怪你會感到內疚。不過，前面幾位鄰居也都是幫凶，會逐一提高機率。因此，拿巧克力餅乾的人，沒有一個是完全無辜的。

要解決巧克力餅乾內疚問題，有幾種對策可以採用。第一種是，一開始就拿起碟子，詢問是否有人要原味餅乾。倘若有人拿走原味的，那麼你就可以如願拿 1 塊巧克力餅乾，也完全不用感到內疚。這種作法的缺點是，不管是巧克力或其他任何東西，都沒有人希望最後挑選。突然之間，原味餅乾本身卻變成內疚的來源。

還有另一種作法，你可以宣布自己不餓，因此其他人就可以自行分享餅乾。有些人會說，這種無私表現能博得屋裡其他人的一致讚揚，還能鼓舞全球民眾的博愛胸懷。另外則有人會認為，這是自甘放棄的懦弱表現。

於是只剩下最後一項對策，那就是把一切罪過都推到歐太太身上：「對不起，不過我們有 5 個人，卻只有 4 片巧克

力餅乾。」就短期而言，問題很可能解決，同時歐太太也飛奔到街角餅店，不過這或許就是你最後一次獲邀飲茶。

【知識補給站】

炸薯片可能全都有孿生子

　　大家都知道，炸薯片是從馬鈴薯切成的薄片展開一生。不過，是否所有炸薯片都有不同外形？若是你拿起幾顆普通馬鈴薯，你覺得有多少機會能夠從兩顆馬鈴薯中，找到兩片一模一樣的薯片，每顆各一片？結果令人意外，答案是就算沒有兩顆馬鈴薯是相同的，你也始終都能在兩顆馬鈴薯中，找到兩片一模一樣的薯片。

　　要解釋其中道理，先想像馬鈴薯並不是固體，而是像肥皂泡一樣能交接重疊。

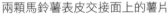

兩顆馬鈴薯表皮交接面上的薯片

　　左側馬鈴薯位於交接面的圓周，和右側馬鈴薯的圓周形狀相同。這就表示交接面兩圓周會切出相同的薯片。事實上，這種交接面的數量無限，也因此任兩顆馬鈴薯，都會有不計其數的相同薯片！（這只適用於厚度無窮薄的薯片。）

第 11 章

不作弊要怎樣贏？

波特（Stephen Potter）在1947年爲世界帶來取巧致勝的樂趣，他稱之爲「不眞正作弊的對局獲勝技巧」。取巧致勝的祕訣就是玩心理花招來暗算對手。根據賽局理論，你不只是要思考自己在做什麼，而且還要去考慮到對手腦中在想什麼。

《有趣的謎題…》

⊙ 操盤演練，對手優勢如何個個擊破？

⊙ 如何打敗情敵，贏得美人芳心？

⊙ 上面談的是賽局理論，你已掌握箇中精髓了嗎？

⊙ 猛打廣告，誰占便宜？

⊙ 勞資糾紛，是雙贏還是雙輸？

不真正作弊的對局獲勝技巧

　　波特（Stephen Potter）在 1947 年為世界帶來取巧致勝
的樂趣，他稱之為「不真正作弊的對局獲勝技巧」。取巧致
勝的祕訣就是玩心理花招來暗算對手。他提出一個例子，裡
面講到一位取巧人士打高爾夫球成績落後。當對手走上球道
打下一桿，我們的主角便用上知名的招數：

　　取巧人士：「……你介不介意我走到你這邊？我想看你
　　　　　　　揮桿……（對手揮桿）……漂亮。」（暫
　　　　　　　停。）
　　競爭對手：「太棒了，好耶！你左臂一定要伸直。」
　　取巧人士：「沒錯！不過你剛才揮的那桿還不算最直，
　　　　　　　有時候你揮得還更直。」
　　競爭對手：「（很高興）還不算直嗎？（疑惑）還不算
　　　　　　　直嗎？」（他開始質疑……）

　　致勝花招和「賽局理論」（game theory）不同，不過
兩者最後目的大體上是一致的，也就是要贏。賽局理論技術

完全是要了解，你「對局」時應該如何儘量提高勝算。這裡用「對局」一詞是採用最通俗的用法，不管是任何行業，只要其中至少有兩人彼此競爭，都可以用這個詞來表示。這個數學領域早經過深入研究，由於這項理論在軍事、經濟上都相當重要，已經至少有兩位這方面的專家得到諾貝爾獎。

　　根據賽局理論，你不只是要思考自己在做什麼，還要考慮到對手腦中在想什麼。德克斯特（Ted Dexter）曾經主持挑選英國板球球隊，有次談到自己挑選球隊的策略，他總結得好：「永遠要做對手最不希望你做的事情。」

成功邀到美人的祕訣

　　讓我們舉一種簡單的對局為例。賈斯廷和湯姆在相互較量，他們同時看上一個女孩子莎莉，而且兩人都希望在週六帶她參加派對。問題是，只有一個人能如願，而且兩人還都可能失望。莎莉對兩人都沒有特殊好感，也沒有偏好。她在下午 4 點從學校回到家中，賈斯廷和湯姆都可以從兩項作法擇一進行：

- 在下午 4 點她剛回到家時，立刻打電話給她
- 到她家親自邀約

　　倘若他們都在下午 4 點分別打電話給她，那麼他們先一步打電話找到她的機會為 50 對 50。賈斯廷和莎莉住得相當近，可以在 4:15 到達親自拜訪，至於湯姆就必須搭公車，因此要到 4:30 才能抵達。

　　這裡就很有趣了。他們都猜想，若是親自拜訪，那麼莎莉接受自己邀約的機會為 90%（條件是她並沒有先接受另一位小伙子的邀約）。然而，他們也認為，若是自己打電話，那麼莎莉接受邀約的機會就只有 30%。

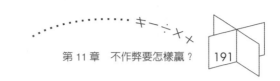

看來這整個情況很複雜，不過戀愛就是這樣啊。同時多數青少年在腦中盤算的事情，也至少有這麼複雜。

那麼賈斯廷和湯姆該怎樣做？

或許你有自己的一套建議，可以幫忙構思對策並指點聊天話術，不過，且讓我們採用較理性的解析作法，來評估這場對局，並看看出現不同結果的機率。先從賈斯廷的角度來看他的處境。

若是賈斯廷決定打電話，搶先在湯姆之前找到莎莉，那麼他的成功機率還是相當低，因為她很可能在電話上就拒絕。而且倘若他是第二個打電話，那麼機率還要更低。那麼若是賈斯廷決定親自拜訪呢？這時若是湯姆也決定拜訪，由於賈斯廷會搶先 15 分鐘到達莎莉家，他邀約成功的機會就非常高。不過，倘若湯姆決定打電話，那麼賈斯廷獲得首肯

的機率就只是「相當不錯」，因為說不定莎莉已經先接受湯姆的電話邀約。這一切狀況都可以製表呈現，這就稱為「收益矩陣」（pay-off matrix）：賈斯廷可以選擇打電話（第 1 欄）或登門拜訪（第 2 欄）。

	若賈斯廷決定打電話	若賈斯廷決定登門拜訪
……而湯姆先打電話	賈斯廷的機會非常低	賈斯廷的機會相當高
……而湯姆第 2 個打電話	賈斯廷的機會相當低	（不可能發生）
……而湯姆親自拜訪	賈斯廷的機會相當低	賈斯廷的機會非常高

從賈斯廷的角度來看，不管怎樣都值得登門拜訪，因為不管湯姆怎樣做，賈斯廷登門拜訪的結果都會比打電話好。換句話說，不管是哪種狀況，右欄都比左欄的得分高。這就稱為賈斯廷的優勢策略。請注意，表中並不需要列出精確數字 [1]。那麼，湯姆的收益表又是如何？

	若湯姆決定打電話	若湯姆決定登門拜訪
……而賈斯廷先打電話	湯姆的機會非常低	湯姆的機會相當高
……而賈斯廷第 2 個打電話	湯姆的機會相當低	（不可能發生）
……而賈斯廷親自拜訪	湯姆的機會相當低	湯姆的機會極低

註 [1] 這裡沒有引用精確機率，不過表中各種狀況分別為：「非常高」90%，「相當高」63%，「相當低」30%，「非常低」21％，還有「極低」9%。

　　這裡就要用上賽局理論。湯姆的本能反應或許是登門造訪，因為只有這樣，他邀約成功的機會才相當高。然而，現在我們都知道，不管怎樣賈斯廷都會去拜訪，因為那是他的優勢策略。這就表示如果湯姆打電話，他的機會是「相當低」，而若是他親自拜訪，那卻會變成「極低」。因此，湯姆的最佳作法就是打電話給莎莉。

　　就本例而言，雙方都可以根據賽局理論來預測結果，並舉出「最佳」策略。當然，就算對局選手採用了最佳對策，光憑這點也不保證就能獲勝。或許你很想知道結果，最後莎莉是陪達米恩去參加派對──他有一輛很棒的摩托車。

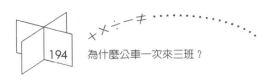

剪刀、石頭、布

　　不是所有對局狀況都這麼清楚，有時候，選手能選擇的策略並不明確。舉個例子，我們都熟悉「剪刀、石頭、布」這種室內遊戲。玩這種遊戲時，雙方選手都把手藏在身後，猜拳時手掌張開代表布，握拳代表石頭，而伸出食指和中指則代表剪刀。接著數到三，雙方同時把手伸出。倘若兩個人出拳一樣，好比剪刀和剪刀，那麼就算平手，若不相同則石頭贏剪刀，剪刀贏布，布贏石頭。

布

石頭

剪刀

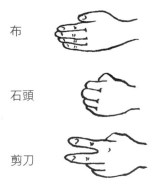

　　猜拳結果也可以用收益矩陣來表示。贏一次的選手得一分，若是平手則雙方都不得分。

　　席德可以採用三種策略，當然是出布、剪刀或出石頭。朵莉絲也有相同三種策略。下表顯示不同玩法的結果。

	席德出布	席德出剪刀	席德出石頭
……而朵莉絲出布	平手	席德勝	朵莉絲勝
……而朵莉絲出剪刀	朵莉絲勝	平手	席德勝
……而朵莉絲出石頭	席德勝	朵莉絲勝	平手

　　猜拳遊戲和賈斯廷與湯姆玩的約會遊戲大不相同。席德和朵莉絲都沒有優勢策略，無法儘量提高勝算或儘量減少失分。只要從席德的角度來看這個遊戲就知道：不管席德選擇哪一欄，他都只能贏、輸或打平，這就要看朵莉絲選擇哪一列而定。朵莉絲的狀況也類似：不管她選擇哪一列，都只能贏、輸或打平，並要看席德選擇哪一欄而定。

　　然而，若是席德能夠預測朵莉絲下一招要出什麼（或反之），那麼其中一人就肯定要難過了。玩「剪刀、石頭、布」遊戲時，只要知道對方下一招要出什麼，你就始終都會有完美策略。例如：倘若席德知道朵莉絲要出剪刀，那麼他都可以出石頭。不過，這時若是朵莉絲還繼續出剪刀，那就實在太笨了。

　　事實上，玩這種猜拳遊戲的最佳策略就是隨機出招，這

樣你的對手就不可能循線猜出你的想法。一旦某位選手的策
略有跡可尋，另一位選手立刻就占了優勢。因此實際生活的
對局才會這麼有趣，我們會努力揣摩、斟酌對方的想法。

　　若是你的對手的策略，會直接影響到你的決策，這時就
構成賽局理論的情勢。有些對局的雙方選手幾乎不會產生任
何互動。英國「蛇梯棋遊戲」（snakes and ladders）完全是
由擲骰子來進行，毫無策略可言。然而，就橋牌、足球或板
球而言，最重要的就是思緒要能凌駕對手，這時賽局理論就
有重大意義了。

誰是廣告戰後的贏家？

　　賽局理論對企業界特別重要，這可能導出相當弔詭的局
勢。高度競爭市場常有兩家公司推出幾乎一模一樣的產品，
而且雙方也都竭盡心力要勝過對方。就洗衣粉或貓食等部分
產品而言，整個市場規模相當穩定，能改變的只有市場占有
率。（市場就像蛋糕，各家公司都競相搶奪最大塊的。）

　　要吸引民眾來購買產品，你可以在電視上打廣告。假定
市場上只有「齒潔」和「勁白」兩種牙膏品牌。日前這兩個
牌子都不做廣告的話，每年也都有 200 萬英鎊利潤。然而，
這兩家公司的行銷總監都知道，另一家或許就要開始推出廣
告。廣告要花許多錢，不過倘若你做廣告，而競爭對手並沒
有打廣告，那麼你就可以徹底擊垮對手。

勁白！

齒潔！

　　就本例而言，我們假定若是一家公司打廣告，而另一家不打，結果後者就會失去一切利潤。然而，倘若這兩家公司都打廣告，那麼效果就會彼此抵銷，沒有一家能夠提高利潤，而且每家都要損失 100 萬鎊廣告支出。

　　這種狀況用收益矩陣可以看得更明白：

	齒潔打廣告	齒潔不打廣告
勁白打廣告	兩家利潤都為 100 萬鎊	勁白利潤 300 萬鎊， 齒潔沒有利潤
勁白不打廣告	齒潔利潤 300 萬鎊， 勁白沒有利潤	兩家利潤都為 200 萬鎊

　　那麼勁白行銷總監的想法為何？他會檢視矩陣欄位並表示：「倘若齒潔打廣告，那麼如果我打廣告，我的利潤就是 100 萬鎊；若我不打，那就為零。倘若齒潔不打廣告，那麼如果我打廣告，我的利潤就是 300 萬鎊；若我不打，那就會是 200 萬鎊。因此，不管齒潔怎樣做，我打廣告都會是比較好的作法。」

　　齒潔行銷總監也看著矩陣橫列，並推出相同結論。因此兩位總監都決定打廣告。

　　這樣一來，他們的利潤卻都萎縮了 100 萬鎊，而倘若兩位都決定不打廣告，他們就都能保持原有每家 200 萬鎊利

【知識補給站】

超級市場的反效果花招

　　1996 年，英國超市業展開忠實顧客卡大戰。各家超級市場都認定，倘若自己發行忠實顧客卡，而別家沒有照做，他們就可以提高本身的市場占有率。不幸的是，當一家超市推出忠實顧客卡，別家也被迫紛紛跟進。這場對局的結果是，超市從競爭商家搶來的利潤極低，發行卡片和顧客折扣的成本卻很高。這是個典型範例，可以說明為什麼各家公司偶爾會寧願採「卡特爾式」[2]（cartel）協調營運。

潤。這真是離奇！兩位的邏輯完全合理，到頭來卻都蒙受損失。那麼到底是誰獲益了？並不是一般大眾。事實上，最後他們還可能也要受損，由於利潤萎縮，齒潔和勁白兩個牌子都可能要漲價。唯一獲益的是廣告業，他們增加了 200 萬鎊的營業額。

註 [2] 卡特爾亦稱同業聯盟，指廠商之間為了利益而聯合簽訂公開協議，以壟斷市場的一種結構。

公平競爭與協商合作

　　牙膏弔詭的起因是兩家公司相互競爭，因此雙方都不願意坐下協商合作 [3]。此外，自由市場體系也會積極制止聯營手段。想想看，果真只有兩家公司生產牙膏。那麼他們或許會為了自身利益而同時漲價來提高盈餘，這時牙膏消費大眾就沒有選擇餘地，只得多付錢購買。若是出現這種卡特爾企業聯合，「自由市場」遊戲就不公平，這也是個原因，為什麼市場就像足球比賽，也必須有規則和裁判；就本例而言，裁判就是公平交易局。

　　還有一個例子，高速公路上的個人利益和全體利益相衝突。想像你看到警示，說明有條車道在前方 1 英里處終止，原本三線車流要減為兩線。結果你只得在中央車道慢慢前進，這時卻有幾個自私鬼，沿著外線車道一路暢行，超車揚長而去。顯然，倘若你陷入車陣，希望能超越其他車輛，最

註 [3] 這種情況就類似一種數學弔詭，稱之為「囚徒困境」（prisoner's dilemma）。這個名稱得自一個著名的例子，其中兩個囚犯都坦承犯罪，結果由於無法協商串供，兩人都被判長期徒刑。

好就是像那樣玩下流手段。不過，倘若大家都很老實，在看到第一個警示時就切入兩線車道，實際上交通還會順暢得多。就是由於部分駕駛人為了自己利益而侵害他人權益，所以才會塞車。

最後這兩個例子，就是在描述民眾沒有顧全大局的狀況，大家沒有機會討論合作，並未採行對整體最有利的策略。不過很奇怪，實際上在某些對局情況下，所有參與人士都同意，最佳策略並非滋生最大獲益的作法。

就以保險遊戲為例。我們多數人都買保險。大家都出錢累積成一筆款項，就此例而言則是保險公司的帳目。沒有人會認為會有騙子想要在這場對局裡獲益。事實上，從長期來看，受保人整體並不可能由此獲利。由於保險公司必須有收入差額，才能支付營運管理費用和股東收益，因此理賠總額不能超過保費總收入。為什麼我們要加入這種總體而言保證要輸的遊戲，理由是我們寧可肯定少輸，也不要冒險大輸。（這和樂透彩類似，我們很樂意損失少許金錢買彩券，來換得大贏的機會。）

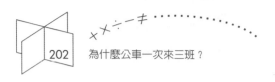

維護原則，人盡皆輸！

　　最後還有些遊戲是明理之士絕對不玩的，只是所有人都要退讓一步，並保持完全理性。法律訴訟和勞資抗爭就是常見的例子，結果很可能都要兩敗俱傷。訴諸法律或罷工示威的人，常會宣稱這是「原則」問題，不過維護原則卻可能要付出慘重代價。

　　假定洗瓶工會的五千名會員對收入極為不滿。他們提出價碼，爭取加薪 10%。管理階層則殺價減到 2%。雙方都不願讓步。我們已經看過無數事例，也都知道最後雙方會折衷妥協。等到所有因素都經過斟酌考量，折衷結果很可能就是介於 5%～7%。

　　可惜雙方都拒絕讓步，協商毫無成果，於是勞方訴諸罷工。經過一個月的激烈抗爭，聯合洗瓶公司和工會議定加薪 6%，雙方都敲鑼打鼓歡慶勝利。

　　數百萬鎊改編入薪資預算，所有人卻都付出高昂代價。公司短期銷售額度頓挫，也失去幾家長期客戶。此外還有些預算項目也部分遞減，改納入勞工支出。同時，儘管勞方薪

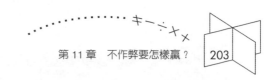

水提高，他們卻要花上一年或更長時間，才能把罷工期間損失的收入賺回來。而且部分員工還可能由於產量協商約定而丟掉飯碗。

　　情況或許是，罷工對公司所造成的中期成本，或許遠超過不同意如數加薪所省下的開銷；至於勞方訴諸罷工，則表示就大體而言他們還會賺得更少，倒不如當初就接受管理階層開出的價碼。看來大家都輸了。然而，這就像是我們前面討論的廣告對局，只要不做協商合作，雙方就很可能要陷入困境，被迫採行雙敗策略。

　　我們從賽局理論學到的最大教訓就是，有些遊戲最好是完全不要去碰。

第 12 章

誰是世界冠軍選手？

運動界重視等級排名的程度，絕對超過一般大眾。等級排名會登上新聞頭條，也可以進一步滿足大眾需求，並回答一項問題：誰是世界第一？運動界目前完全仰賴數學，來算出排行榜。畢竟數學很精確、合理又客觀，所以沒有理由不採用吧？不幸，就算數學排行榜也會引起爭議。似乎常有「最佳」選手並不是位於排行榜的榜首。怎麼會有這樣的結果呢？

《有趣的謎題…》

⊙運動排行榜的究極奧義是……？
⊙排行榜的排行其實很離譜?!
⊙唱片公司都是操弄流行音樂排行榜的行家？
⊙誰是有史以來最偉大的運動員？

運動排行榜的數學基礎

　　從我們幼年時期開始，似乎總是有種底層衝動，要把人群區分等級順序排名。小時候隊長會根據恐怖的操場表現排行榜來挑選隊員，所有孩童都由此了解自己的斤兩。這種等級排名的特性一直延續到成年階段（不過，通常男性似乎都比女性更重視這點）。我們都喜歡知道誰排第一，誰又敬陪末座，誰進步了，誰的表現又更差了。等級排名可以大幅度簡化現實，不過這似乎並不重要。榮登榜首顯得非常誘人，也很能讓人信服。

　　運動界重視等級排名的程度，絕對超過一般大眾。等級

排名會登上新聞頭條，也可以進一步滿足大眾需求，並回答一項問題：「誰是世界第一？」有些等級排名，好比網球排行榜，可以決定選手能不能參加錦標賽。其他如國際足球賽和板球賽等排行榜，則主要是為了滿足觀眾的興趣而排定。

　　所有人都可以私下列出排行榜，來評定最喜歡的選手。不過，由於運動迷激情擁戴明星運動員，正式排行榜相當不可能由少數幾個人來排定。歐洲電視歌唱比賽或許還可以將就，不過就運動而言，除非專家評審團所列出的十大排行榜能夠完全符合預期，否則也沒有任何運動迷會信任他們的判斷或獨立裁決。因此運動界才會完全仰賴數學，來算出排行榜。畢竟數學很精確、合理又客觀，所以沒有埋由不採用這種計算模式吧？

　　不幸，就算數學排行榜也會引起爭議。似乎常有「最佳」選手並不是位於排行榜的榜首。怎麼會這樣呢？

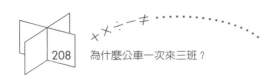

運動排行榜問世前的狀況是⋯

　　三十年前並沒有正式的世界排行榜。通常錦標賽參加人選，完全是由籌辦小組順手捻來私下決定。還有一種作法，那就是以某段期間贏得的獎金額度為遴選標準。兩套系統都會引發爭議。選手有可能就因為長相不好，結果就被排除。獎金排行法也可能不公平，或許富裕國家決定提供鉅額獎項，遠超過該國賽程的實際重要程度。

　　1973 年，「國際男子職業網球聯盟」（ATP）再也無法忍受傳統主觀作法。他們設計出點數系統，來做選手「客觀」評比。數學模型法首次大幅度介入運動排行榜領域，自此以後，幾乎所有團隊和個人運動項目也都跟進。

1973 年 8 月 23 日
1. 納斯塔斯
2. 歐蘭提斯
3. S. 史密斯
4. 艾許
5. 拉沃
6. 羅斯沃爾
7. 紐坎比
8. 帕納塔
9. 奧凱爾
10. 干納斯

第一屆網球排行榜

為什麼運動排名並不單純？

　　等級排名的重點完全是求其公平，倘若一般大眾也能了解其產生過程那還更好。複雜數學公式會引起質疑，因為這樣一來，運動迷就無法從背後原理推出結果。可惜，公平和單純不見得能夠兼顧。

　　這裡舉出產生運動排行的兩種作法。

一、累加所有錦標賽參賽所獲點數

　　採用這種排行作法之時，每次錦標賽後都要提供點數，選手或隊伍每次參賽都獲得點數，比賽次數不限。這是最簡單的排行形式，就足球聯盟等項目而言，這也是最理想的方式，因為每隊的比賽場次完全相等，而且這也適用於 F1 賽車項目。

　　不過，就網球或高爾夫球等個人運動項目而言，這就會產生一個問題。因為錦標賽項數極多，選手不可能全部參賽。網球等運動項目的選手很容易受傷，若是採累加點數來評比排行，就會鼓勵選手儘量參賽，因此應該休息療傷的選

手，很可能反而要參賽。於是這類排行榜除了評比高下之外，還會變成體魄強健評量表。足球也有同樣狀況，擁有最多成員的隊伍，到了球季後期就會占了優勢。

二、求參加每場比賽所得平均點數

有種作法可以避免根據強健體魄來評比排行，那就是根據選手的平均表現來產生排行，板球的「概約平均數」就有這種用途。若某擊球手完成 5 局，得點 200 分，則其平均得點為 40 分。若某擊球手在 6 局中得 210 分，則平均為 35 分，排行較低。

然而，這種系統也有許多缺點。若某位擊球手只參賽 1 次，得 41 分，儘管他就憑這點還不能證明其實力，排行卻還是會超越前兩位。為避免這項缺失，板球平均點數有個平均率必要條件，例如：「擊球手必須參賽至少 10 場次」。不過，由於場次資格截然劃分，還是會造成嚴重反常現象。好比在 9 局中得 1000 分就不符資格；而在 10 局中得 100 分卻合格。澳洲的比爾‧強斯頓（Bill Johnston）擅長投球，打擊率卻非常差。他在 1953 年球季中得 102 分，並只出局 1 次，結果他的正式擊球平均點數便在澳洲獨占鰲頭。其實這是同隊球員齊心協力，合作促成的反常結果，隊友也為此笑破肚皮。

【知識補給站】

奧運會也不公平？

多年以來，新聞媒體都以各國在奧運會比賽贏得的金牌數目來評比強弱。這種聯賽成績排名簡單作法廣泛為人採信，不過這卻忽略一點，因為各項冠軍金牌的重要性有高下之別。也有人認為這太過於看重金牌，對銀牌卻不夠重視，英國就知道這個代價有多高。

根據 1996 年的奧運會聯賽成績名次，英國落後阿爾及利亞（分別為「1 金 8 銀」和「2 金 0 銀」）。英國表現不好，但是他們真的比阿爾及利亞差勁嗎？若是採用金牌 4 點、銀牌 2 點、銅牌則為 1 點的作法，成績排名或許會比較公平。

倘若網球界採用平均點數系統，卻不強制要求選手參加錦標賽，那麼若是參賽會影響排名，或許他就會拒賽。例如：倘若某選手在 10 次錦標賽中贏得 10000 點（平均 1000 點），隨後若是他第 11 次參賽，結果得到 0 分，那麼他的平均點數便會降到 $\frac{10000}{11} = 909$ 點。或許他就寧願不要冒險。

若有某錦標賽比其他賽程更具吸引力，強勁選手紛紛參

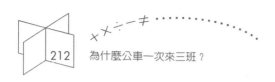

賽，這時上述兩種系統也都會扭曲。英格蘭博格諾里吉斯城
（Bognor Regis）司諾克撞球賽的地位不高，顯然在那裡贏得
錦標所獲點數，不該和贏得世界冠軍相提並論。果真如此，
那麼名不見經傳的各路選手，就都要列名榜首之林。

　　正是由於這類根本問題，多數運動項目才都設計出較複
雜的排名方法。這類排名作法的基本原理大體相同：

- 若錦標賽較重要也較「困難」，則獲勝所得點數較多。
- 通常都綜合納入選手的平均表現（獎勵傑出表現）和累
  積總點數（獎勵勤勞苦幹）。
- 多數排行榜都考慮前一年的表現，不過某選手去年的作
  為較不重要，當年的成就影響較大。

　　不同運動項目的詳細作法各不相同。例如：高爾夫
SONY 排名就是根據「簡單平均數」來評比，不過也經過巧
妙調整，來衡量參賽次數不夠多的選手。排行算法是以選手
所得總點數除以參賽次數。不過，倘若選手參加不足 10 場
比賽，則依舊要除以 10。試舉一例（數字都為虛構）：

佛度　　　　　　參賽 12 場，得 60 分

$$平均數排名＝\frac{60}{12}＝5.0$$

巴列斯特羅斯　　參賽 8 場，得 40 分

$$平均數排名＝\frac{40}{10}＝4.0$$

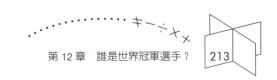

　　儘管如此，若是有選手只參賽 10 場，而另一位則參賽 30 場，這套系統還是對前者較有利，因為參賽場次較少，比較容易維持優異表現，若是參加場次很多那就難了。

　　網球和足球排行只挑選當年表現優異的場次（分別為最佳 1 場和較佳 8 場）。這點略微有利於參加場次很多的選手，因為他們成績優異的場次較多，也較有選擇。

　　板球有五天附加賽（測試賽），這也會造成問題，因為選手每年的參賽機會並不均等。澳洲有可能進行 12 場測試賽，而辛巴威或許只比賽 3 場。這時若還採累積點數系統並不公平，因此其排名系統便改以複雜的「加權平均數」為基礎。不過就算採用這種平均數，還是很難設計出對所有國家都公平的系統。

　　討論至此，我們已經看出，似乎還沒有運動項目找到理想的計點方式，來解決選手排名的問題。不過，就算是解決了平均數和累積點數的牴觸現象，用數學來做運動排名，依舊會產生明顯異常的結果。

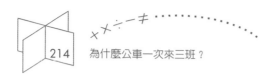

【知識補給站】

離譜的排行榜錯誤結論

閱讀名次排行榜並推出錯誤結論的機會有多高？底下列出某聯賽的成績表，其隊伍名稱全都以字母來表示。該聯盟有 10 支隊伍，季賽結束成績表如下。據此每支隊伍都相互對陣兩次，一次是在主場，另一次則是在客場。獲勝得 3 點，平手得 1 點。

	比賽次數	勝	平	負	點數
A	18	11	2	5	35
B	18	9	4	5	31
C	18	9	3	6	30
D	18	8	3	7	27
E	18	7	5	6	26
F	18	7	3	8	24
G	18	6	5	7	23
H	18	5	6	7	21
I	18	3	8	7	17
J	18	3	5	10	14

你要開除哪一隊的經理？倘若下週由 A 隊和 J 隊對壘，誰會贏？

保險的答案是開除 J 隊經理，並在下週下注賭 A 隊會擊敗 J 隊。然而，就本例而言做這種結論是完全錯了，因為……

表列隊伍並不踢足球，而是由一般人所組成，這是拋擲硬幣相互比試的結果。結果是真的。各隊根據硬幣正反面決定輸贏或平手。每支隊伍根據相同規則比賽，因此他們的獲勝機率都相等。經理人的作為對比賽結果毫無影響，因此評價批判經理人是毫無意義。而且倘若

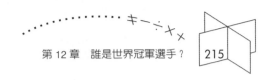

下週由 A 隊和 J 隊對陣，比賽拋擲硬幣，兩隊獲勝的機會也都相等。畢竟，當你拋擲硬幣並連續出現 5 次正面，第 6 次出現反面或正面的機會依舊均等。

　　然而，奇怪的是，這張表看來就和足球常見的成績表雷同。這是否就表示，足球聯賽和硬幣拋擲比賽隊伍的每週賽程並沒有兩樣？但是硬幣拋擲賽的隊伍經理卻只能咬自己的指甲，深恐硬幣沒有出現有利的結果。就真正的足球比賽而言，或許「硬幣」均勢會偏向某些隊伍。不過，運氣肯定也扮演部分角色，因此不管是哪種運動排行榜，你都不應該太認真去解讀。

運動排行榜的反常現象

　　運動排行榜常見三類反常現象，全都不可避免，也都可能造成混淆或引來嘲弄：

一、就算選手表現不佳或根本沒有參賽，排行表現還是進步

　　1992 年，艾柏格（Stefan Edberg）在某週最後一場比賽輸給韋斯（Robbie Weiss），這是他在職賽生涯中敗得最慘的一場，結果他的職業網球聯盟排行卻攀上高峰，而韋斯的排名卻為 289。幾乎所有運動排行榜都會出現這種怪異結果，這只是其中最極端的一例。

　　網球錦標賽點數排名法是以選手的當年成績，取代前一年他在該錦標賽所獲得的點數。儘管艾柏格在 1992 年的表現泛泛，卻由於他在前一年的錦標賽表現很差，結果還是可以獲得點數。

　　網球比賽是以選手在錦標賽的進展來計算成績，並不考慮你手下敗將的排名。倘若當初艾柏格是被阿格西（Andre Agassi）擊垮，他也不能多得點數。

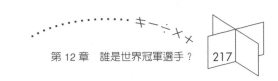
艾柏格會攀升榜首的原因完全合理，不過若是不了解其中所牽涉的原理，再看到報紙標題大書：「艾柏格丟臉慘敗，卻榮登榜首」，這會讓名次排行系統看來很荒唐。

足球賽也可能出現類似報導：「新堡隊沒有參賽卻高踞聯盟首位」。假設兵工廠隊和新堡隊最初點數相當，不過兵工廠隊在淨勝球項目領先。倘若隨後兵工廠隊以 0 比 3 敗北，那麼新堡隊就會在淨勝球占先，於是就會發生前述現象。

二、排行榜對明星選手和尋常選手一視同仁，民眾卻不然

有些運動選手會吸引較多媒體報導，表現卻沒有那麼好：近代的英格蘭足球員加斯居尼（Paul Gascoigne）、阿

【知識補給站】

小伙子表現出 110% 的實力

隊伍實力必須比對手強過多少才能獲勝？有時只要相差非常微弱就能辦到。倘若英國網球選手的實力和對手相當，不過由於溫布頓主場觀眾支持，發球表現提高 10%，這就足夠讓他獲勝。足球聯盟的某個俱樂部，實力只要比其他組織略勝一籌，勝算約只需要高出 20%，就非常有機會在該聯盟連年獲勝。倘若團隊成員真的表現出「110%」的實力，或許這就足夠讓聯盟中等隊伍躍升到頂尖地位。

格西和千里達傳奇板球員拉臘（Brian Lara）都是這類型的
選手。他們的聲望是得自於偶發精彩表現、長相、醜聞或人
性弱點（有時四者兼備）。不過，由於他們的公共形象特別
凸顯，因此民眾預期他們的名次排行始終都會很高。媒體矚
目程度並不能順當轉換為點數。

三、電腦未能掌握運動事件的奧妙和魔力

這項因素或許最重要了，可以解釋為什麼光憑統計很難
去評量運動員。沒有任何數學公式能夠評估人類情緒，那卻
正是許多運動表現讓人難忘的原因。美國體操選手絲特魯格
（Kerri Strug）扭傷了腳踝，反而激勵隊友贏得奧運金牌。
高爾夫球手諾曼（Greg Norman）在 1996 年的美國大師賽決
賽時功敗垂成，佛度（Nick Faldo）則趁勢獲勝。1995 年，
阿瑟頓（Michael Atherton）終日上場打擊不歇，共獲得 185
分，並且從未出局，終於挽救英國頹勢，沒有被南非擊敗。

觀眾敵意、運氣、張力和突發精彩事例都非常難以量
化，也因此排列名次時都並不納入考量。不過，由於這些都
是實際因素，會影響運動員受人景仰的程度，因此生硬數字
和民眾感受之間，就必然要有落差。

【知識補給站】

誰是有史以來最偉大的運動員？

　　或許有人打高爾夫球連贏三屆錦標。或許有人打棒球連續擊出全壘打。或許有足球員在好幾季中，得分記錄都超過其他任何球員。

　　然而，在許多這類例子裡面，統計理論本身就可以說明某位選手有特殊表現並鶴立雞群。溫布頓比賽也有點像是本章稍早提到的「拋擲硬幣」聯盟，總是會有人獲勝次數超過其他選手，而且也總是會有人更常打出一桿進洞，次數超過其他任何人。通常，十大運動員之間的差距，也只能以運氣來解釋。

　　然而，有些運動員的表現卻十分傑出，統計結果遠超過他們的對手。他們的成功表現，不能用運氣來解釋。科學家古爾德（Stephen J. Gould）分析了棒球比賽結果，他的結論是，在所有輝煌表現當中，只有一項不能單憑運氣來解釋，就是狄馬喬（Joe DiMaggio）連續 56 局安全上壘。就板球項目而言，則有布萊德曼（Donald Bradman）能與之相提並論，因為他的統計數字遠超過有史以來的一切擊球手。

　　當然，這是從統計學家的角度來看。並非所有人都贊同統計學家的看法，原因在本章其他篇幅也曾提過。這永遠不會有正確答案，這點會讓熱愛爭辯的運動迷感到高興。

第 14 章

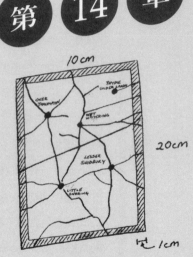

第13章哪裡去了？

「壞事總是連三起」（就好像公車……）！這種民俗信念
恐怕禁不起科學嚴謹驗證，不過想必這也有些經驗基礎，
否則當初這句話就不會出現。那麼該怎樣來合理解釋？

《有趣的謎題…》

⊙我們能合理解釋厄運嗎？

⊙看地圖找路時，為什麼要找的路總在邊界上？

⊙每次趕路，總是碰到紅燈？

⊙別人玩樂透都中獎，為什麼好運老輪不到我身上？

⊙13……真的不祥嗎？

我們能合理解釋厄運嗎？

土司總是奶油面朝下掉在地上。法定假日老是要下雨。你玩樂透永遠不會中獎，不過你認識的其他人卻似乎……。你是不是曾經覺得自己天生就很倒楣？就算是最理性的人偶爾也會深信，冥冥中有股力量讓災難在最要不得的時候發生。我們都樂於相信「莫非定律」（Murphy's Law）是真的（「會出錯的總要出錯」）。

厄運可以部分從數學來解釋，部分則是心理因素。民眾對於厄運的感受和有趣的巧合之間確實有非常密切的關係（見第六章）。

就以一項信念為例：「壞事總是連三起」（就好像公車……）！這種民俗信念恐怕禁不起科學嚴謹驗證，不過想必這也有些經驗基礎，否則當初這句話就不會出現。那麼該怎樣來合理解釋？

首先要提出個問題：「什麼叫做壞事？」

有些事情只是有點兒糟糕，好比火車誤點 5 分鐘。有些則是壞透了，比如考試不及格或被解僱。因此，好壞並非截

然劃分，用程度來代表就好得多。

　　某件事情或許只是由於情境使然，運氣不好所致。若是你並不趕時間，邊等火車邊津津有味地看報，那麼誤點 5 分鐘就是一起中性事件。倘若你已經來不及參加重要會議了，那麼誤點就是壞事。

　　提到壞事連三起，最重要的因素或許就是第一起事件的延續時間和令人難忘的程度。例如：你外出度假時水管爆裂。房子或許花不到一個小時就會淹水，事後卻要清理，還要和保險公司爭辯。因此這起壞事會綿延擾攘多月，不斷讓你想起最早那起事件。

　　第一起壞事在你腦中糾纏期間愈長，你就愈有機會多體驗到兩件壞事。一個月後，你的汽車被人撞上，又經過一週，你把結婚戒指搞丟了。第一起事件已經讓你的心情低落，因此很快你就會把後續不幸意外牽扯聯想一氣。就算這一切是在兩個月期間發生的，你依舊要產生聯想。等到你從淹水損失事件恢復過來，恐怕也是戒慎恐懼，開始注意下一起災難了。這段期間會延伸到足以驗證最初那則預言為止。

　　提到巧合，運氣不好的人比較會去注意符合那項理論的事情，對不符者就視若無睹（因為這比較沒有意思）。壞事單獨出現的例子始終不斷，光憑這點就應該可以推翻那項理

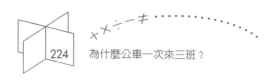
論。壞事也會成雙出現。不過，你比較常聽到朋友訴說：
「在我身上發生了三件壞事，可不是應驗了那句話？」，卻比
較少聽說「只有兩件壞事發生在我身上，這完全證明那項理
論不準」。畢竟，這樣講怕會一語成讖。

　　然而，至少有一項合理原因，可以說明為什麼有可能接
二連三發生壞事。這會牽扯到機率和「獨立性」（見第六
章）。不幸事件不見得都彼此無關。不管是誰被解僱，都注
定多少要感到沮喪。這會減損身體的防禦機能，讓人更容易
生病，也因此他們的警覺不足反應低落（所以他們就比較容
易發生意外，好比失手掉下珍貴的花瓶）。因此，儘管在特
定日子裡被解僱或生病的機率或許都很低，兩起事件同時發
生的機率，卻幾乎肯定會高於兩項機率之乘積。

閱讀地圖時的倒楣事

　　談了這麼多有關於生命中會發生的一般事件，就讓我們談談所有人都碰過的事情。

　　你動身要到城市另一邊去找朋友。你閱讀道路地圖集找路，卻發現地點正好就在頁面邊緣。因此，你就要前後翻閱才能找到正確路線。那條道路或者就是半邊在某頁上，另半邊則是在另一頁上，要不然就是延伸跨越書本中央折線。而且，倘若那是地形測量圖，你的目的地或許還剛好就位於地圖折疊線上。

　　這似乎很不公平。畢竟，你要找目的地位置時，不管是用哪種地圖，所有的「頁緣」都只有一小塊，「中央」區域卻都很大。是嗎？事實上，碰到目的地很靠近地圖邊緣的機會很高，遠超出你預期的比率。

　　請參見第 226 頁的圖示地圖。

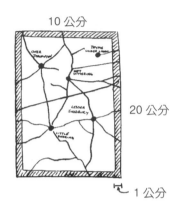

10 公分

20 公分

1 公分

每頁長寬均為 10 公分和 20 公分，地圖各頁面積總計得 200 平方公分

陰影範圍占了總面積之 28%

　　倘若你的目的地是位於地圖標示陰影的範圍之內，那麼你就會遇上麻煩。這個陰影範圍位於頁面周邊，寬僅 1 公分。看來微不足道。然而，累計陰影範圍面積卻高達 56 平方公分。這就占了整頁地圖總面積的 28%，因此，當你在這頁地圖上尋找特定地點，那個位置就有 28% 的機率（接近三分之一）是位於頁緣 1 公分寬度以內，這就讓你左支右絀難以處理。而且，倘若你認為在頁緣 2 公分寬度之內就會很棘手，那麼發生厄運的機會攀升到 47%。換句話說，或許你就會預期，當你外出旅行之時，幾乎每隔一次便發生這種倒楣的事情。

　　這個情節和其他多數倒楣事件相同，有時你要走的道路並不是位於棘手位置，你卻忘了這曾經發生過多少次，反而

只記得倒楣的例子。而就本例子而言，出現壞結果的機會相當高，因此你注定過不了多久，就要開始抱怨自己霉運當頭，或詛咒出版地圖的人，或者兩方都罵。順道一提，這就是為什麼許多現代道路地圖集的相鄰兩頁，重疊區域都很寬。優良道路地圖集的頁面，至少有 30% 的面積會在其他篇幅重複出現。

每次趕路時，總是碰到紅燈？

　　有個極佳的例子可以說明選擇性記憶現象。我們會把在旅程上碰到紅、綠燈看成壞事或好事，還覺得這兩種情況的出現頻率並不平均。「每次我趕路時，似乎總要碰上紅燈」的感受是真的，而且可以驗證。先想像交通號誌就像拋擲硬幣比較單純，出現紅燈的機率為 50%，而碰到綠燈的機率也為 50%。（事實上，多數號誌呈現紅燈的時間較長。）倘若你沿途遇見六個紅綠燈，完全不碰上紅燈的機會，不會超過連續六次拋出正面的機率，也就是六十四分之一。

　　當駕駛不趕路時，紅燈的出現頻率也是相等；唯一的差別就是，當時間快慢不重要時，碰到紅燈所造成的損失就輕得多。至於我們覺得紅燈的出現頻率超過綠燈，這部分就錯了。其中原因很簡單，駕駛碰到紅燈時，思索時間較長，碰到綠燈時則較短，幾秒鐘之後就把它拋到腦後。而且綠燈經驗和在順暢道路上開車也沒有兩樣。紅燈會迫使我們改變行為，很費力而且有壓力，接著就要被剝奪自由達 1 分鐘左右。紅燈會在腦中縈繞，而綠燈則立刻被人淡忘。

別人玩樂透都中獎，為什麼我偏偏沒有？

　　最後，當然要談到樂透。亞當放學回家時談到：「傑森的姑姑才剛中獎，賺了 500 鎊！」妹妹梅樂尼接著說：「我們學校有個人的親戚中了 1000 鎊。」爸爸說：「太妙了，有位同事昨天才跟我講，他有個朋友還中過大獎。」這家人實在不敢相信，他們的朋友似乎全都是那麼幸運，而自己卻沒有這種運氣。

　　當然了，這其中的謬誤是：他們提到的樂透中獎人士，沒有一個是他們的朋友。事實上，這個故事實在沒什麼好驚訝的。梅樂尼提到的獎項最大，不過她的故事是經過幾個人輾轉過來的？她的學校中或許有 1000 人，每個人也或許各有 10 個可以算是親戚的人，因此這個故事就有 10000 種可能來源。玩樂透中大獎的故事會向外散播，每則或許可以傳唱四個星期。

　　倘若在過去四週期間，那 10000 人總共買了 10000 張樂透彩券，於是其中某人中 1000 鎊的機率就會變得相當高。

【知識補給站】

不祥的 13

　　13 這個不祥數字惡名昭彰，不過這項迷信的起源至今不明。迷信的建築師設計摩天大樓時，會避免規畫 13 層樓。迷信的作家甚至於還會避免寫到第 13 章。和 13 有關的最著名不祥事件是「最後的晚餐」。13 日星期五是最不吉利的日子，諸事不宜。而且每月的第 13 日，也恰好最可能是週五，比較不會落在一週裡的其他日子。這是由於「格列高里曆」[1]（Gregorian calendar）的日期循環，才僥倖出現這種統計結果。

中大獎的故事會迅速傳播，而沒有中獎的彩券卻靜悄悄被人遺忘，這總共有 9999 張。亞當的故事同樣也很容易解釋，而爸爸的故事就很含糊，不清楚究竟是在上週、上月，或去年中的獎金。

　　數學有許多範圍是在談好運和厄運。然而，不管背後有哪些合理原因，肯定還是會有部分人士，似乎都比其他人更

註 [1] 就是現在通行的太陽曆，由天主教教宗格列高里八世在 1582 年頒行。本曆法的置閏原則是：1. 每四年置閏，在二月加一天；2. 能被 100 整除的曆年不置閏；3. 能被 400 整除的曆年置閏；4. 能被 4000 整除的曆年不置閏。格列高里曆每兩萬年會相差一天。

【知識補給站】

因禍得福，善用厄運的故事

「我先生哈洛德年輕時實在不幸，竟然和女巫爭吵，」瑪格麗特說明：「女巫氣得對他下咒。因此他注定餘生都要不幸。他老是遲到，因為火車班次取消；感冒流行時，你可以猜到他一定會染上。不過最糟糕的是，他沉溺賭博，而且當然也輸得很慘。每次他去賭場都會輸掉大筆錢。」

「那實在太糟糕了，瑪格麗特，我很驚訝，妳竟然還和他保持婚姻關係。」

「啊，那是我這輩子最棒的事情了。我賺了 100 萬，而且彌補哈洛德的損失還有剩！」

她怎麼會這麼有錢？

瑪格麗特每次都陪哈洛德上賭場。不管哈洛德在哪裡下注，瑪格麗特都反向加倍下注。

能引來好運。法皇拿破崙曾經採取拔擢「幸運」將領的政策。迷信胡扯？不見得。拿破崙具有精明的軍事頭腦，想必他是相信，不管那群幸運將領過去是為什麼交好運，往後還是有可能因此而幸運下去。或許就如高爾夫選手阿諾·帕瑪（Arnold Palmer）所言：「我練習愈勤，運氣愈好。」

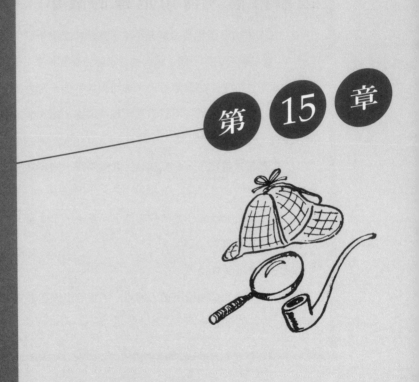

第 15 章

誰是殺人凶手？

福爾摩斯和數學有何關係？所有人的日常生活都有真話和謊言、言外之意和演繹推論，以及前後一致和前後矛盾。我們採納接受這些事情，同時也完全不考慮到數學。不過數學可以賦予邏輯非常精確的語言和標記方式，這可以幫助確保邏輯無懈可擊。若是邏輯不夠細密，很容易就會導出錯誤結論。

《有趣的謎題…》

⊙福爾摩斯如何解開謀殺之謎？

⊙又錯了！為什麼經過深思才推論的結果總是與事實不符？

⊙一句中出現3次的不要（或否定），那究竟是要還是不要？

⊙電腦的邏輯＝比爾・蓋茲的邏輯？！

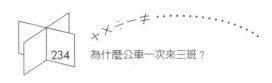

福爾摩斯解開謀殺之謎

　　福爾摩斯探案故事《銀斑駒》（*The Adventure of Silver Blaze*）談到有位邪惡的賽馬訓練師，想要對自己的馬匹下藥。福爾摩斯在故事裡做出最著名的一項推論。格列高利巡官問福爾摩斯，他有沒有什麼證據要提請巡官注意。

　　「要留心狗在夜間做的怪事……」（福爾摩斯回答）

　　「但是狗在夜間沒做什麼事啊！」（巡官回答）

　　「那就是怪事了！」福爾摩斯評述表示。

　　福爾摩斯想到，那條狗認識入侵的人，所以才沒有吠叫，這證明入侵者肯定就是狗的主人。

　　這項推論顯示，有時候沒有明講的也可能和明講的一樣有用。每次政客說明「沒有意見」之時，其實都是在透露一

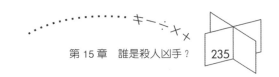

些資訊。畢竟，倘若他們有好話可講，肯定都會迫不及待要
提出意見。

政客也會用別種方法來透露資訊。假定某位部長宣布：
「我很高興說明，在過去四個月間，有三個月分的失業率都
下降了。」據你推斷，四個月前和五個月前的失業率為何？
乍看之下是完全無法推論。不過，請記住，政客是最擅長講
好話的一群人，他們都儘量採取最正面的措詞來呈現資訊。
假定四個月前的失業率提高，那就表示在過去三個月分期
間，各月比率都下降了。果真如此，那麼我們的部長就肯定
會提出更讓人感佩的聲明：「在過去三個月期間，每個月的
失業率都下降了。」

同樣地，倘若失業率在五個月前下降，那麼他就會得意
洋洋地宣布：「在過去五個月期間，有四個月分的失業率都
下降了。」

每次呈現統計數字始終都要用上這種伎倆，注意其中奧
妙也很有趣。本書第六章談到一種巧合陳述「美國前五任總
統中有三人是死於 7 月 4 日」。第五位總統是門羅，他也是三
人之一，否則這項巧合看起來會更驚人：「前四任總統中有
三人」。

顯然我們從福爾摩斯身上可以學到許多東西。至今他還

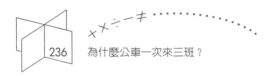
【知識補給站】

派對帽遊戲

　　這裡提出一項小小的推論遊戲，也是個有趣的實驗。你需要三頂紙帽，兩頂顏色相同（就假定是兩頂紅帽和一頂藍帽）。你還需要兩個人志願參加，並面對面坐下。

　　給兩人看三頂帽子，接著要他們閉上雙眼，同時你就為每人各戴上一頂帽子。接下來他們就要張開雙眼，並光憑另一個人的反應，來推論自己頭上戴的是哪種顏色的帽子。

　　他們並不知道你在兩人頭上都戴了紅帽子。許多成年人都完全不去推論（他們只會猜）。不過，以下列出兩位志願者的論據，這可以導出正確推論結果：

　　「假定我戴的是藍帽子。另一人知道只有一頂藍帽，因此他就會立刻領悟，他戴的必定是紅帽子。不過，他沒有做出這種單純推論，因此我只能假定我戴的是紅帽子，不是藍色的。」

是最受歡迎的小說偵探之一，迷人的不只是他所破解的違法犯行之本質，也包括他本人的個性。福爾摩斯有個知名特點，他能夠完全忠於事實，並純粹運用理性推論，完全不受情緒干擾。他是所有注重邏輯思考人士的最偉大模仿對象，不過福爾摩斯似乎從來不講笑話，因此他在派對上恐怕不能帶來很多笑聲。

那麼，福爾摩斯和數學有什麼關係？所有人的日常生活都有真話和謊言、言外之意和演繹推論，以及前後一致和前後矛盾。我們採納接受這些事情，同時也完全不考慮到數學。不過數學可以賦予邏輯非常精確的語言和標記方式，這可以幫助確保邏輯無懈可擊。若是邏輯不夠細密，很容易就會導出錯誤結論。這裡就以《愛麗絲夢遊仙境》裡的一段著名情節為例：

「那麼妳就應該把妳的意思講出來。」瘋癲的三月兔繼續說。

「我有啊！」愛麗絲脫口回答：「至少、至少，我講的就是我的意思：這完全相同，沒錯啊。」

「一點都不相同！」瘋帽客說：「是喔，那妳幹嘛不說：『我吃的東西我都看見！』和『我看見的東西我都吃』也是同一回事！」

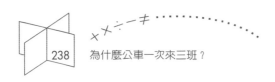

推論的正與誤

　　推論不只可以用在犯罪世界。事實上，幾乎一切會談裡面，都包含推論和言外之意的成分，並常用「因此」來作為提示。不過，這種推論出錯的機會有多大？孩子會覺得以下論據非常有趣。「刮大風時樹枝揮舞，因此樹枝揮舞會生風」。或許你聽了會笑，不過你要怎樣向孩子證明，這項陳述為非？你有必要找到反向事例，好比沙漠中並沒有樹木，卻會刮大風，或者更好的作法是，在無風的時候，樹枝依舊揮舞。後者有可能發生，不過要撼動大樹會很費力！

　　所有的斑馬都帶有條紋，不過，這是否就表示所有帶條紋的動物全都是斑馬？當然不是。這和愛麗絲犯的錯誤雷同。「我講的就是我的意思」不見得就是指「我講出我的意思」。（實際上，要想通這兩則陳述的差別相當棘手。）

　　你會不會上當犯下類似斑馬那種邏輯錯誤？這個給你試試看：

　　有位先生從一疊撲克牌發出四張，每張牌都有一面印了某種形狀，另一面則是圖案。接著那位先生宣布：「牌桌上

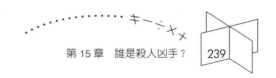

的撲克牌，凡是一面有三角形的，另一面全都帶有條紋」。

你必須翻開哪兩張撲克牌，才能夠確定他講的是不是真的？

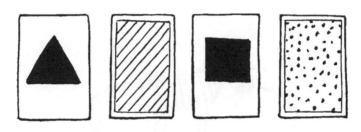

請你自行解題，先不要往下閱讀。

常見的反應是翻開有三角形的牌和帶條紋的牌。然而，正確答案卻是必須翻開有三角形的牌和帶黑點的牌。倘若你翻開的是帶黑點的牌，而背後卻有三角形，這時那位先生的陳述就為非。翻開帶條紋的牌，結果發現方形；或翻開帶方形的牌，結果發現條紋，都完全不能證明真偽。

這裡令人困惑的是，「凡是有三角形的牌，全都帶有條紋」和「凡是帶條紋的牌，都有三角形」這兩句陳述並不相等。這就相當於斑馬謬誤，只是講法不同！有種很方便的作法，可以證明這點，其中所採用的圖示稱為「文恩圖」。這種描繪邏輯的方式是由十九世紀英國數學家暨邏輯學家文

恩（John Venn）所推廣普及。假定世界上所有的斑馬和帶條紋的所有動物，都被圈捕集中。所有斑馬都被關在大型圓籠中。籠子裡的一切動物都是斑馬。籠子外的一切東西全部不是斑馬。

現在你就要用一個籠子來關住所有帶條紋的動物。所以虎、環尾狐猴和其他許多動物，都要待在籠子裡，而且所有斑馬也都要關在籠中。（也有些斑馬是不長條紋的，不過這裡完全不用考慮這點！）

作法是在斑馬籠外周圍，再建造一個條紋動物籠。斑馬是帶條紋動物的特例。「集合」是根據某共同特徵組成的一群事物，就本例而言是具條紋的動物。

斑馬

具條紋的動物

　　這實在相當簡單，不過這樣我們就能以視覺來呈現謬誤論證。

　　訴訟案件常出現斑馬謬誤。舉一個案子為例，某男士控告他的雇主公司造成他耳聾。兩造都同意：「長期暴露於工廠機具的高強度聲響會導致聽力損失。」然而，原告主張這就能夠證實，他的聽力受損就是由於長期暴露於機具的高強度聲響所致。或許這是事實，不過，除了機具高強度聲響之外，還有許多因素會損傷聽力，好比遺傳缺陷。而且狀況還更為複雜，就算遺傳有某些缺陷，也只是偶爾才會造成聽力損失。

　　這項簡單事例可以畫成文恩圖，並構成三個集合：聽力受損的人、長期暴露於機具高強度聲響的人，以及聽覺遺傳有缺憾的人。

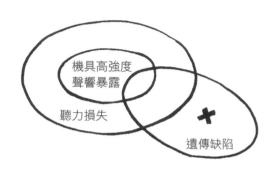

機具高強度
聲響暴露

聽力損失

遺傳缺陷

　　請注意，「高強度聲響機具」集合是納入「聽力損失」
集合之內。這代表原有陳述，表示長期暴露於高強度聲響機
具之下的人，全都會損失聽力。然而，由圖示可以清楚看
出，聽力損失的人，不見得全部曾經暴露於高強度聲響。有
些人並不屬於機具集合，卻位於聽力損失集合之內。

　　遺傳有缺陷的人所組成的集合和其他兩個集合都有重
疊。遺傳有缺陷的人，有部分是由於高強度聲響才導致聽力
損失缺陷。有些則只是單純的聽力損失。位於 X 標示區內
的人，聽力還是很好。

　　數學家和邏輯學家採用特殊標記法，來表示文恩圖中的
不同區域。不過，那並非重點，這裡並不需要知道。這幅圖
已經可以詳盡說明。

孩童的「不要」邏輯

　　孩童在非常早期就能了解部分複雜邏輯。例如：三歲小孩子就能了解這段陳述：「你不穿上外套就不准出去」。他聽了或許會頓腳落淚或馬上聽話，也有可能同時做出這兩種反應。

　　這很有趣，年紀這麼小就能了解負負得正的語言規則。不過，或許要再經過幾年，這些孩子才能用簡單運算來做出相同詮釋。孩子特別容易掌握「不要」的功能，這或許是由於在幼年階段，出現「不要」的次數相當多。（不要吵、不要碰插頭，還有不要那樣對待狗……）

　　寫作的人採用雙重否定時，常會引來不良反應，因為這會令人困惑。若使用三重否定或四重否定那還更糟糕。最近有次針對電視節目的討論會，一位受訪者說明：「我並不是說在 9 點以前，沒有一個節目是不適合小孩觀賞……」

　　倘若你必須絞盡腦汁，才能夠了解她的意思。或許原因就是，她在那項陳述中用了三重否定。那三重就是「並不是說」、「沒有一個節目」和「不適合」。有個最快的方法可以

理解這類陳述，那就是把其中兩個否定抵銷掉。因此，那位女士的意思便如下句所示：

「我的意思是，有些節目並不適合小孩觀賞……」

不幸，問題卻不是那麼單純。倘若你說「我並不貧窮」，那是否就表示「我很富有」？不，這可不見得。再說一次，採用文恩圖就可以很快說明清楚。我們可以把世人區分為富人、普通人和窮人三類。這三個集合彼此互斥。沒有人能同時隸屬兩個集合。根據圖示來看，不貧窮的人就是低收入籠子之外的所有人。不過，這群人不見得只是富人；其中還有些是普通人。因此，非窮人不見得都是富人，只是有的很富裕。

這種陳述始終為「真」或「不為真」（或稱為「偽」），其物件則為「在內」或「在外」，卻絕對不能同時成立。這項原則是傳統邏輯的基礎，不過，我們稍後就會看到，這也有其限制。凡是從事偵探、科學或法律的人，都要深切仰賴

這一點。

　　因此福爾摩斯才做此評述：「當你把不可能的完全消除，剩下的不管有多不可能，都肯定是事實。」

　　這種想法令人寬慰，適用我們碰過的許多狀況，例如：不知道護照擺在家中何處。倘若你在屋內所有房間徹底搜尋，卻依舊找不到，那麼就只剩下不可能的狀況。或許護照是掉下地板縫，也或許是被狗吃了。

電腦和邏輯閘

我們已經看到，真偽陳述可以用文恩圖來表示，並採用空泡或籠子內外來呈現。電腦就是這樣運作，只不過電腦是改以數字來代表真偽。

電腦解釋指令的邏輯檢查全都稱為「閘」。閘的英文名稱是 gate，但不是根據比爾 ‧ 蓋茲（Bill Gates）命名。不過，多數閘確實都是他的貢獻。倘若你有辦法用某種明察秋毫的顯微鏡來觀看電腦電路，或許就會發現，這整個構造都是由三種簡單邏輯函數所組成：

- 反（NOT）
- 及（AND）
- 或（OR）

舉一句所有小孩都能了解的反陳述：「如果你尖叫，我就不讀故事書給你聽」。

電腦會把本句直譯如下：

輸入（尖叫）　　　　　輸出（讀故事書）

若輸入為真，則　　　　「反」（不讀故事書）

若輸入不為真，則　　　讀故事書

或製表說明：

輸入（尖叫）		輸出（故事）
1	→	0
0	→	1

「及」陳述可為：「如果你把雞肉和甘藍都吃掉，我就讀故事書給你聽」。這裡有兩項輸入：雞肉和甘藍。結果製表說明如下：

輸入 1（雞肉）	輸入 2（甘藍）	輸出（故事）
1	1	1
1	0	0
0	1	0
0	0	0

因此只有在雞肉和甘藍輸入同時為「真」之時，才會輸出故事。

最後一句是「或」函數的例子：「如果你戴帽或撐傘，就能保持乾燥」。

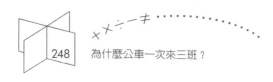

輸入 1（帽）	輸入 2（傘）	輸出（乾髮）
1	1	1
1	0	1
0	1	1
0	0	0

　　你的電腦就是那樣運作。從 5 的平方根運算到太空船在火星上降落，全都是由「及」、「反」和「或」閘所構成。這是數百萬個閘妥善串連的結果（你大概也猜得到，那就是棘手的部分）。

　　倘若人腦也完全是由「及」、「反」和「或」閘所組成，那會有何現象？這是人工智慧背後的大問題。許多人認為，我們的腦子的運作方式完全不同，因此人類才會有謬誤邏輯，卻又比電腦更具創意，而且還永遠會遙遙領先。

【知識補給站】

本陳述為偽

　　上列陳述是否為真？若為真，則陳述為偽。不過若為偽，則陳述為真！這個小小的悖論一直在邏輯和哲學領域的偉大論文裡扮演核心角色，因為這顯示真偽概念不見得都適用於一切陳述。

或許含糊才是聰明的

近幾年來，電腦程式設計師領悟到，人類和電腦邏輯有項重大差異，人類並不是永遠採是非思考方式，他們有時候會認為「或許」，也產生了關於「模糊邏輯」（fuzzy logic）的研究。

或許有人描述天氣時會說「今天天氣晴朗」。當然囉，這句陳述是完全清楚明白？可惜不對。假定天空有一片雲。或許那還是個晴天。兩片雲？是的。一千片雲？不，這時就算陰天。不過，這就表示在兩片和一千片雲之間，到了某點，天氣就不再晴朗。這並不是立刻發生，而是隨程度逐漸成真。不過在陰沉程度達到某個絕對點之時，所有人突然之間就不再稱當天是晴天了。沒有人能正確指出那個時刻，因此，今天天氣晴朗這句陳述有含糊之處。

民眾一般都不喜歡分割點，因為這是把彼此相當接近的事物做人為區隔。舉個例子，英國不同市區的議會稅率高低不同，若一條街道兩側分屬不同區，其中一側的稅率較低，而另一側就較高。「為什麼我要支付 900 鎊議會稅，而對面

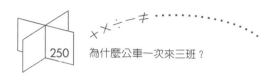
【知識補給站】

「互斥或」和走廊的電燈開關

　　多數住宅的走廊照明都是以兩套開關來控制，一套位於樓下門邊，另一套則是在樓上（舉例來說）。這就是所謂的「互斥或」功能的最常見實例。這和「或」功能並不完全相同。倘若樓下開關或樓上開關之一是開著，那麼電燈就開著，不過，倘若兩個開關都開著，電燈就是關著。

　　電腦電路也可以設計出「互斥或」閘運作方式，可採用「及」、「反」和「或」閘規畫如下：

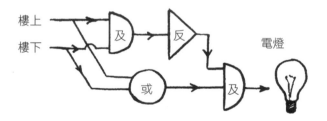

　　這裡採「1」來代表「開關開著」，「0」則代表「開關關著」，這和兩套機械式開關有相同結果。你可以自行測試，用以下組合分別輸入試驗：「0,1、1,0、0,0、1,1」。

居民的相同稅項只要支付 400 鎊？」理想的議會稅應該採模糊作法。

　　另外還有些陳述也帶了模糊成分，好比：「蘇珊和吉兒看來很像」。蘇珊和吉兒的長相要多像，這句陳述才為真？這沒有正確答案，不過，人類會很自然就這樣講，而習慣上電腦則不會。因此，程式設計師也不再只用絕對真（1）、偽（0）來把一切分類，並開始採用中間值來代表。半真的陳述就設計為 0.5。

　　模糊特性也很適合本章開始提到的兩種專業。福爾摩斯等偵探始終承認有「或許」的狀況，要等到證據出現，才認定嫌犯有罪。同時，政客也都知道，只有在模糊狀況下，他們才能占有一席之地。我們至少還能這樣說，他們則不可能明講。

第 16 章

眞衰，又碰上塞車了！

許多開車通勤的人，都了解一項問題：「如果我晚5分鐘出門，通常會多花我半個小時」。不過，其中原因爲何？當然，這和車輛增加有關，不過這和數學又有什麼關連？答案是，車潮問題亦屬於一種迷人的數學領域。

《有趣的謎題…》

⊙爲什麼高速公路、電扶梯和超級市場老是大排長龍？

⊙爲什麼有紅綠燈的地方就得先停車再通行？

⊙沒有紅綠燈的地方，一樣要塞車⋯⋯？

⊙車了開慢一點！這樣反而可以提高車速？！

為什麼高速公路、電扶梯和超級市場都要大排長龍？

　　約翰住在國王街 10 號。他習慣在每天上午 7:30 準時出門，並在 8 點前後幾分鐘內抵達市中心的聯合洗瓶公司。

　　約翰的鄰居布萊恩也在聯合洗瓶公司做事。不過，他總是稍晚才上班。他出門前要先做雜事，好比餵貓、留紙條給送牛奶的，若是前一晚忘了燙襯衫也要補做。通常他約在 7:40 才進入車中，等到他在 8:30 左右抵達辦公室時，約翰已經在寫第四張備忘錄了。

　　約翰和布萊恩走同一條路線，開同款車型，開車習慣也一模一樣（最高速率、加速度等都相同）。然而，布萊恩的通勤時間卻要多花 20 分鐘。怎麼會這樣呢？

　　當然你也知道，這個問題並不難解，只是個日常現實的例子。許多開車通勤的人，都了解一項問題：「如果我晚 5 分鐘出門，通常會多花我半個小時」。

　　不過，其中原因為何？當然，這和車輛增加有關，不過這和數學又有什麼關連？答案是，車潮問題屬於一種迷人的

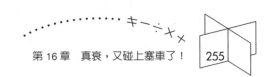

數學領域，稱為「等候理論」（queueing theory，亦稱為「排隊理論」）。

紅綠燈的服務率

　　想像約翰和布萊恩所採行路線要通過都市路，這條道路只有一組紅綠燈。通常，都市中的紅綠燈都經過程式規畫，對車流很敏感。好比，若是經過 30 秒鐘，還沒有汽車通過紅綠燈前的感測器，那麼燈光就很可能會轉紅。然而到了尖峰時間，車流就會不斷通過感測器，這時號誌就會按照既定程式維持綠燈一段時間。就都市路而言，號誌燈便依序為綠燈 20 秒鐘和紅燈 40 秒鐘，而綠燈期間便足夠讓 10 輛汽車通過。這就表示，平均每分鐘會有 10 輛車通過都市路的紅綠燈。這就是我們所說的號誌「服務率」。

　　有些人每天很早就離家，或許在清晨 6 點剛開始時人群稀疏，7 點時車潮數量就比較穩定，接著一直增加，到了 8

點數量最多，隨後就逐漸減少，到了 10 點幾乎完全消散。
只要開上都市路的車輛數目每分鐘不到 10 輛（到達率）而
且均勻分散，紅綠燈就能應付。這時每分鐘進入的輛數，全
都能在一次綠燈期間全部通過。不過，儘管這套系統每分鐘
能夠應付均勻分散的 10 輛汽車，只要出現第 11 輛車，交通
系統就會開始壅塞。這時紅綠燈前便會開始出現車陣，隊伍
愈排愈長不見消退。

　　我們就從 8 點開始，那時並沒有車陣且號誌轉紅。

時間	下一分鐘 抵達之輛數	在一分鐘內 通過之輛數	一分鐘後號誌轉紅時 的車陣長度
8:00	11	10	1
8:01	11	10	2
8:02	11	10	3
8:03	11	10	4
⋮	⋮	⋮	⋮
8:20	11	10	21

　　因此，在 20 分鐘之內，隊伍已經累增到 20 輛車。其實
情況還要更糟。首先，隨著車流漸增進入尖峰時間，到達率
就會愈來愈高，因此等到 8:20 時，每分鐘就可能高達 20 輛
車，而只有 10 輛能通過號誌。其次還有個問題，當隊伍綿

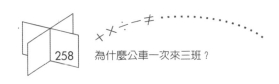

延愈長，還可能在同一條路上延伸超過前一組紅綠燈，這就表示就算前幾個路口是綠燈，車輛還是可能無法通過。此外，實際上車輛會成群抵達，間隔並不平均，於是你就可以看到交通開始混亂。

　　倘若當布萊恩開到車陣尾端之時，已經有 25 輛車在紅綠燈前排隊。這時他並不能直接通過，而是要等紅綠燈改變兩次之後，他這批 10 輛車才能一起通過。同時，倘若紅綠燈每分鐘才轉變一次，那麼他就已經至少浪費了 2 分鐘通勤時間。那麼就回到最初狀況，為什麼布萊恩通勤時會比約翰多花 20 分鐘，追根究柢就是，紅綠燈的服務率不夠高，無法應付額外車流。

沒有紅綠燈也排長龍

　　規畫交通的人對車陣都頭痛萬分。車陣不只是紅綠燈造成的。所有會影響車輛自由流動的限制，全都會造成車陣，例如：繞道、意外事故或道路工事。另有種較不明顯的原因可以造成車陣，那就是某輛汽車減速或暫停再開。

　　或許你本身也有這種經驗。你在高速公路上以 110 公里時速前進，前方車流突然慢下來，於是你也減速暫停，並預期前方有道路工事或交通意外。這樣走走停停經過約 5 分鐘，前方車陣卻加速離去，霎時你也恢復 110 公里時速。沒有任何意外或路障號誌。這就好像是發生了幽靈車禍。

　　其實這是由於高速公路車流到達飽和點。這完全是由於車輛很多，車距太短讓人不安，因為我們都希望和前方車群保持距離以測安全。倘若前方汽車因故減速，若是你靠得很近，那麼你也會減速。當前方車輛再次加速，你要片刻之後才能做出反應，因此兩車間距會暫時拉長。然而，這時後方車輛依舊是以你先前的較慢速前進。而倘若他後方的汽車也非常接近，這時也必須踩煞車。

【知識補給站】

連買條魚都要排隊

　　為什麼就連在平靜上午，賣魚店裡偶爾都要大排長龍？追根究柢這要歸咎於一種「卜瓦松分布」（Poisson distribution）。若抵達魚店的顧客人數平均為每分鐘一人，這並不代表每分鐘真的就會有一人抵達。有時某分鐘沒有人來，下一分鐘來了三位，再下一分鐘則只有一位。倘若來店人數是完全隨機，而且每分鐘平均來了 A 位顧客，那麼在某指定分鐘期間，有 N 位顧客抵達的機率便如以下公式所示：

$$\frac{e^{-A}A^{N}}{N!}$$

　　N! 就是 N 階乘，而且神祕數字「e」在這裡也應邀出場了。倘若平均每分鐘有一位顧客（A 等於 1），那麼由公式可知，在某指定分鐘期間，有四位顧客抵達魚店的機率，便約為 0.02，也就是約為 $\frac{1}{50}$。卜瓦松分布適用於商店長龍，對交通阻塞也同樣適用，因此規畫交通的人還要更頭痛了。

　　想像減速車流「衝擊波」，沿著高速公路傳播。不然你也可以想像自己握住大彈簧一端。晃動彈簧，你就會看到簧圈壓縮脈衝沿著彈簧傳布。這就是車流的狀況，最後結果就要看這道脈衝的行進速率。有時車流會相互傾軋停頓，有時

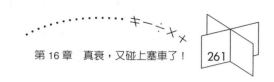

則能自行疏通。另有一種日常排隊問題，由此比較容易想通

其中道理，那就是電扶梯。

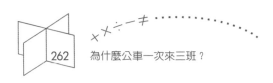
脈衝和電扶梯

　　倫敦通勤族的生活步調很快，光是走樓梯上下並不夠迅速，他們喜歡搭乘電扶梯。這樣可以節省寶貴的時間，通勤時可以少花幾秒鐘。不過，只要有一位疲累的旅客站錯邊，整個行軍隊伍就會完全停頓。

　　情況是這樣。緊跟那位旅客後面的人會突然止步。而且和高速公路交通相同，這時電扶梯也會出現佇立人潮脈衝，並迅速向下傳布。倘若電扶梯站滿了人，或許這種停頓就會幾乎同時延伸到底部。

　　現在，假定阻塞清除，停頓縱隊最前端的人也再次起步開始向上走，就像是高速公路上的減速車輛也開始加速。

　　請參見圖示並設定幾個數字：

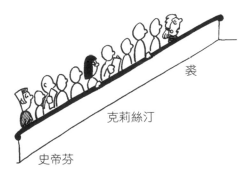

電扶梯每秒移動 2 階。我們把動作定格，這時裘的前面就是障礙，距離電扶梯頂端還有 10 步。克莉絲汀則落後她 5 步，距離頂端 15 步。克莉絲汀後方 5 步是史帝芬，距離頂端有 20 步。讓我們假定，某人要花 1 秒鐘，才會注意到前面的人已經開始移動，並跟著邁步前進。這時裘開始在電扶梯向上走。

　　現在，讓我們把時鐘順向調整 5 秒鐘。5 秒後，人群邁步「脈衝」已經向下移動了 5 個人次（每秒 1 人）。這就表示脈衝已經抵達克莉絲汀，她也開始在電扶梯上邁步前進。既然這時已經過去 5 秒鐘，而且電扶梯每秒鐘移動 2 階，因此總共向上移動了 10 階，所以現在克莉絲汀距離頂端只剩下 5 步。史帝芬落後克莉絲汀 5 步，則還是靜止不動，不過，電扶梯也已經載著他移動，距離頂端只有 10 步。

5 秒鐘後……

克莉絲汀

史帝芬

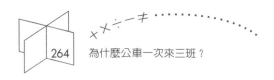

　　10秒鐘後，移動的縱隊抵達史帝芬，他也開始向上邁步……不過，這時他卻發現自己反正已經是位於頂端。旅客邁步脈衝已經向上移動到電扶梯頂端，同時也迅速消失！其他顧客依舊靜靜站立，而且這會繼續持續，直到抵達電扶梯底端的前後旅客出現空隙為止。這個現象完全是由於運動脈衝會沿著電扶梯向上移動所致。倘若電扶梯移動較為緩慢，而旅客在前方隊伍開始移動之時，也能更迅速反應，那麼脈衝就會沿著電扶梯向下移動，而且電扶梯上原本靜止的隊伍，很快又會全部開始邁步移動。

　　這就顯示，不管是車流或人潮，各種交通流量都會有減速或加速脈衝。這種脈衝會從壅塞處向前端傳布或向後移動，其走向就要看整體交通和個體反應時間之相對速率而定。相同因素也會決定阻塞是否能自行疏通，或者會產生長達10英里的車陣。

　　繁忙高速公路有可能產生幾百道脈衝，同時沿著各個路段傳布。每位駕駛人對脈衝的反應各不相同，不過，非常謹慎的駕駛有可能會過度反應，並大幅度減速。於是後方車輛就可能太過於靠近，結果便被迫完全煞停。這時我們就產生一處交通阻塞。一輛車在高速公路上停下來，作用就像一盞迷你紅綠燈。這時每秒鐘抵達靜止汽車後方的車輛數目就稱

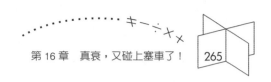

為到達率，而每秒鐘能夠從起步加到經濟車速的車輛數目就稱為服務率。服務率始終要低於到達率（特別是在寒冷早晨，因為每十輛車就有一輛要驚慌熄火）。而且這就是為什麼，有時候旅客看到交流道出口時應變稍遲，儘管只是略微煞車，似乎沒什麼妨害，結果整個高速公路路段卻有可能暫時停擺。

【知識補給站】

開得較慢反而可以提高車速

你要怎樣讓高速公路的車流加速？答案是讓車速減慢。

1994 年，交通規畫人員決定測試尖峰時間的不同速限。英國 M25 高速公路在交通繁忙期間，速限由每小時 110 公里降到每小時 80 公里。試驗結果發現，交通發生極嚴重脈衝的次數較少，車流也順暢得多。最棒的是，完全停頓／起步的次數也減少了。而且這還會減少交通阻塞的次數。結果顯示，若在交通繁忙期間採每小時 80 公里速限，M25 道路系統就能通行較多汽車，數量超過每小時 110 公里速限。

超市購物長龍

　　超級市場的長龍幾乎和高速公路的車陣同樣令人沮喪。超級市場和道路的數學有許多共通特性。倘若你在週五傍晚4:30來到聖氏超市，或許你就能在20分鐘之內完成購物。不過若是你在5:30抵達，突然之間，你就要花一個小時來購物。原因呢？當然了，部分是由於你要使盡力氣推著購物車，掙扎轉向繞過成群幼童才能拿到罐裝番茄。不過，主要的原因卻是，你必須在結帳櫃台前排隊等候，所花時間就要長得多。這時超市的顧客較多，因此到達率較高，而結帳櫃員的服務率則依舊保持不變。

　　和區域交通規畫人員相比，超級市場當然具有一項優勢。因為一旦顧客人數增加，超市就可以開放更多收銀台。這就相當於額外開放一條道路，而且本身也有紅綠燈，於是就能提高服務率。超市還能開啟快速結帳櫃台，提供只購買小籃商品的顧客使用，這就能消弭部分挫折。

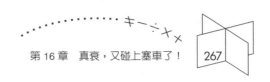

八件以下

　　有趣的是，儘管所有人都覺得，區分一般結帳和快速結帳櫃台似乎很公平，實際上這種安排卻會讓平均排隊時間拉長，反不如讓所有櫃台全都相同。其原因是，有時候沒有顧客要快速結帳，結果那處櫃台就無所事事。由於這時許多顧客都不能選擇使用這類收銀台，全部結帳櫃台的整體使用率便較低。然而，受害的卻是大批購物的人。

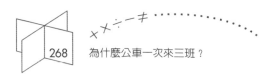

【知識補給站】

古怪的排隊真相

- 11 月期間，通常每天都有 518,000 輛車在 M25 高速公路上因交通阻塞停頓。在這種日子裡，M25 會有 29「人年」花在等候塞車紓解。該高速公路歷來最長的車陣超過 32 公里。

- 從前在俄國排隊等候是生活中十分重要的部分，因此俄國人一看到隊伍，馬上就會跟著排隊，隨後再問那是在排什麼。

- 等候理論有項最簡單的公式，那是用來計算經過 T 分鐘之後，會有幾輛車排隊。公式先設定 $N = (A - S)T$，其中 A 為每分鐘抵達車數，而 S 則為每分鐘離開車陣的輛數（S 也稱為服務率）。

- 英文「列隊等候」一詞也可以拼成「queueing」，這是唯一有五個母音接續出現的英文單字。

不可能超越的限制……

　　我們在本章最前面討論過一種狀況。布萊恩發現，倘若他在 7:30 出門上班，就要花 30 分鐘通勤。不過，倘若他延後到 7:40 才離家，那就要通勤 50 分鐘。布萊恩不斷思索這個問題。他已經發現，倘若自己不是延後 10 分鐘離家，而是晚 1 個小時（8:30 出門），那麼他只需要通勤 20 分鐘。因此，有可能你離家愈晚，抵達目的地所花的時間就愈短。布萊恩納悶，這是否就表示，在上午某個時刻，他有可能延遲 1 分鐘出門，卻能大幅度縮短通勤時間，結果他就能提早 1 分鐘到達？這是懶惰通勤人士的夢想！或許你可以為他指出這種邏輯的謬誤之處。

第 17 章

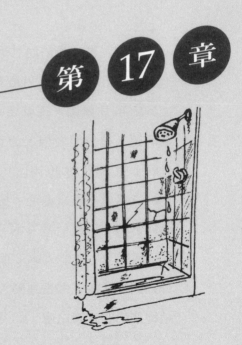

為什麼淋浴時水溫
不是過熱就是過冷？

為什麼旅社的水溫始終都不對？其中原因也可以用來解釋為什麼淋浴和害蟲肆虐、經濟蕭條、自動駕駛儀，以及與尖嘯的麥克風全都有關連。追根究柢，這都要歸咎於「回饋」，或者若是讓道格拉斯 亞當斯（Douglas Adams）筆下的全方位偵探傑特利來說明，那就是「一切事物的基本交互作用」。

《有趣的謎題…》

⊙為什麼飯店的水溫始終都不對？

⊙麥克風為什麼爆出震耳尖嘯？

⊙澳洲為什麼兔子暴增？

⊙為什麼駕駛們都可以順利轉彎不出事？

淋浴回饋系統

　　你前往大都市過夜，並決定住進廉價旅社。你發現臥室裡的電視要猛拍兩次，影像才會穩定，你覺得這實在不應該。接著你拉開窗簾，卻發現房間面對公車站。不過，最糟糕的卻是，當你爬進浴缸淋浴，扭開水龍頭，接著一陣冰水撲面而來，於是你馬上跳出浴缸。

　　你胡亂設法糾正，把水龍頭轉向「熱」並測試水溫，這次發現只有微溫，於是你把水溫調到「最熱」。最後終於出

現舒適水溫，你鬆了一口氣。不過，當你開始塗抹肥皂，水溫又竄升超過舒適程度，太燙了。你猛轉控制鈕調低溫度，卻還是太熱，於是你硬把龍頭調到「最低溫」。水溫很快又變冷，於是你又反向進行這個過程。你陷入冷／熱循環，並一直到你爬出淋浴間這才結束，而你也開始詛咒自己住進這裡的那一天。

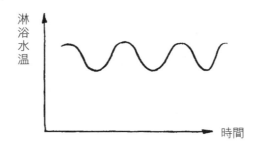

為什麼旅社的水溫始終都不對？其中原因也可以用來解釋為什麼淋浴和害蟲肆虐、經濟蕭條、自動駕駛儀，以及與尖嘯的麥克風全都有關連。追根究柢，這全都要歸咎於「回饋」，或者若是讓道格拉斯‧亞當斯 [1]（Douglas Adams）筆下的全方位偵探傑特利（Dirk Gently）來說明，那就是「一切事物的基本交互作用」。

註 [1] 英語世界幽默諷刺文學的代表人物，也是第一個成功結合喜劇和科幻的作家，成名作為《銀河便車指南》(The Hitchhiker's Guide to the Galaxy)。

正回饋作用力

　　若有人氣憤揮拳，還沒有想到別人會還擊，那就實在太天真了。數學家牛頓率先確認一切作用力都有反作用力，不過當時他並不是在講酒吧鬥毆。牛頓是在講物理作用力，不過作用力和反作用力原理也幾乎適用於一切狀況。倘若反作用力對最初施加作用力的人產生影響，那就稱為回饋。輸入（第一拳）促成反應（回饋就是還手一拳），並對輸入的人產生直接效應（他決定揮出更重的一拳）。

　　事實上，這就是個正回饋（positive feedback）的實例，不過那時恐怕不會覺得非常正向。正回饋是指某作用力的反應會強化原始作用力。如果你曾經在搖滾音樂會上，聽到麥克風突然爆出震耳尖嘯，那就是麥克風（也就是輸入）太接近揚聲器（輸出），所產生的正回饋。這時揚聲器會向麥克

風回饋。

從人口成長現象也看得到正回饋作用。

人口數較多表示有較多孩童，這又代表更大族群，接著
又表示有較多孩童。這一切便會導致……

指數成長與負回饋

　　若人口數很少，通常族群成長率就和人口數量成正比。這表示將來就會呈指數增長。事實上還不只於此，人口數量圖示可以用非常特殊的公式來描述：$P = P_0e^{Bt}$，其中 P 為人

【知識補給站】

指數百合

　　鄉村池塘的百合生長十分迅速，覆蓋面積每天都要加倍。經過 30 天，整個池面完全長滿百合。當初百合是經過幾天，才只覆蓋池面面積之半？

　　當然，這個老謎題的答案是 29 天。那就是指數增長的精彩效應。就本例而言，池塘覆蓋面積公式會描繪出一條線，公式為 $A = 2^t$，其中 t 為日數，而 A 則為覆蓋面積。

口數量，P_0 為初始人口數，B 為出生率，而 t 則為時間。數字「e」略小於 2.72，這是個特殊數值，就像 π 和 ϕ，到處都看得到。

　　指數增長就像澳洲兔子族群的繁殖狀況。當初澳洲農人引進兔子，是要當作獵物來射擊取樂。不幸的是，兔子非常喜歡澳洲的環境，結果牠們在幾年之間就肆虐全國。

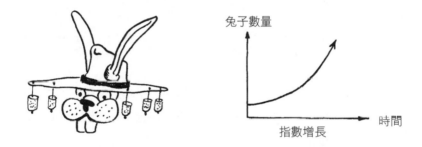

　　倘若指數增長不加控制，那麼全世界瞬間就要氾濫成災。幸好還有其他因素，會限制族群增長。這類因素就是負回饋（negative feedback）。

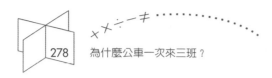

【知識補給站】

有關 e（2.71828182845）的奇趣真相

- 倘若你用兩副普通撲克牌來玩抽牌遊戲，那麼當你把整疊撲克抽完，結果同花同號的牌全都沒有成對同時出現的機率，幾乎就等於 $\frac{1}{e}$。

- 曬衣繩懸掛跨越庭院時呈曲線形狀，其公式為 $\frac{1}{2}(e^x + e^{-x})$。

- 計算 e 的最優雅公式為

$$1 + \frac{1}{1!} + \frac{1}{2!} + \frac{1}{3!} + \frac{1}{4!} + \cdots\cdots$$

其中！代表「階乘」（3！＝3×2×1）。這個公式和求 π 的漂亮公式相仿。

- 最早探索 e 的特性的人就是尤拉，也就是解決了柯尼斯堡問題的同一人。事實上，後來 e 就被稱為尤拉數。不過，尤拉姓氏（Euler）的首字母為 e 則只是個巧合。

負回饋和控制

　　一輛汽車駛近銳角右轉彎處，駕駛由本能知道要向右猛轉方向盤。方向盤轉動就是他的輸入。這時他的雙眼提供回饋。倘若他轉向不夠，他的頭腦就會向雙手傳遞信息，要進一步轉動方向盤。不過，倘若他轉向過度，腦部就送出信息來反向糾正。有警覺的健康駕駛會有極敏銳反應，於是方向盤就會非常迅速轉向正確位置。方向盤的角度調節可以呈現如下：

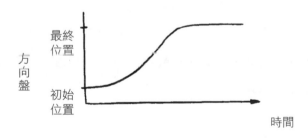

　　請注意移向正確水平的速率有多快。若是駕駛學員轉向時就可能略微過度，導致在正確位置附近出現小幅起伏，最後也很快就消弭無形，如次頁圖：

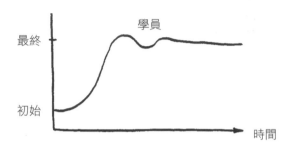

這就是種內建負回饋的系統。駕駛便是藉由這套系統，讓方向盤由某固定位置（稱為「穩態」）轉到另一個位置。負回饋在方向盤轉向過度時發揮功能。然而，若是負回饋機制調節錯誤，那麼其結果就不見得會十分沉穩。在濃霧中就會發生這種現象。

就本例而言，不只是駕駛會略遲才察覺已經到了轉角，而且他的反應還可能太劇烈。他很可能會轉向過度，而且一旦察覺轉得太猛，這時也比較可能會過度反應。這就是系統過度反應的實例。

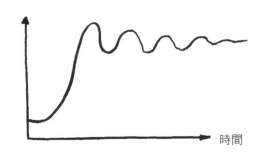

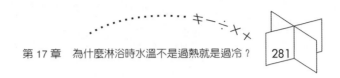

　　這個例子的結局令人滿意，駕駛最後還是妥當轉向。不過，倘若駕駛反應不當，也會造成車輛失控。

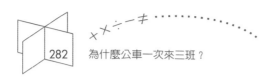

負回饋迴圈

　　讓我們轉向野外，動物的族群數量也可以看到類似汽車
駕駛的圖形。澳洲並沒有掠食動物獵捕兔類，因此兔子族群
便以指數增長。倘若那裡有夠多的狐，那麼兔子的數量就會
非常不一樣，因為狐會壓低兔子的數量。

老狐
私人
教練

　　掠食動物是限制動物數量的主要因素之一。另一項因素
為食物。通常，動物族群愈大，其中個體分別享有的食物數
量就較少。食物數量愈少，飢餓便愈甚，也因此死亡率就會
較高。這就稱為負回饋迴圈。

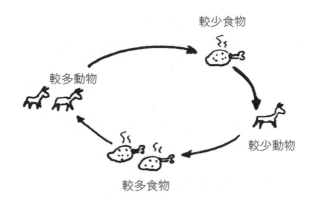

較少食物

較多動物

較多食物

較少動物

那麼掠食動物的狀況又是如何？牠們的食物就是獵物，也就是別的動物。就本例而言，掠食動物會盡可能多吃獵物，這樣才能生存。不過，倘若牠們繁衍過度，那麼最後就會把自己唯一的糧食耗光。因此總是必須有某種控制作法，來遏止過度捕獵。

要看出掠食動物和獵物的族群演變，最簡單的作法就是製造一個人工世界，而且裡面只有兩類動物：狐和兔。這個世界裡的狐只有兔子可吃。

有個作法可以產生這個世界的模型，那就是設計出狐和兔的出生率和死亡率公式（也就是兩種動物在每月期間的出生和死亡數量）。底下列出一組簡化公式，可以說明每月的狐（F）和兔（R）之可能數量：

$$新 F＝舊 F×B_f－F×\frac{D_f}{R}$$

$$新 R＝舊 R×B_r－F×D_r×R$$

舊 F 是狐的總數，舊 R 則是兔的上月總數。新 F 和新 R 則分別為本月的狐和兔的總數。B_f 和 B_r 分別為狐和兔之每月出生率（以每月每隻動物有幾隻寶寶來計算），而 D_f 和 D_r 則分別為狐和兔的自然死亡率。

這組公式是以常識為基礎。就狐而言，倘若狐的數量增加，或兔的數量減少，則其死亡數量增加。因為這時每隻狐的可得食物量較少。就兔而言，當狐的數量增加，則死亡數量增加。

這兩個公式會形成週期循環。狐在最初時，或許會消耗大量兔子，因此狐的數量便會增加，而兔的數量則會減少。然而，這種過度供給過了一段時間，狐類要競爭有限糧食，會開始餓死，也因此兩類族群數量都要遞減。當狐的數量降到低點，兔的數量便恢復，而且不久之後，狐的數量同樣也得以增加。雖然這還要根據狐和兔的繁殖和死亡速率，才能畫出精確模式，不過兩類族群的起伏現象或許就像這樣：

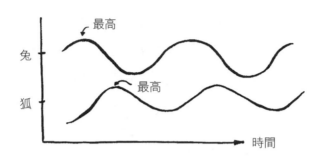

還有一種作法，可以按時間循序地畫出狐和兔之間的相對數量，這樣也可以看出兩個數量有何變化。倘若兩個族群就如上圖所示穩定起伏，那麼狐和兔的數量，就會繞圈旋轉如下圖所示：

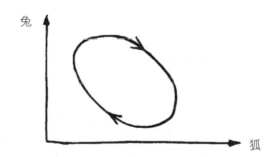

有時候，兔類數量表面上看來會永遠遞減。不過，當狐類本身也開始減少，這個趨勢就會突然停止。

有些變化會打破這種循環，不過自然似乎相當禁得起這類重大變化。例如：狐類在極冷冬季的死亡數量，有可能遠

超過常態。然而，到了下一年，殘存的狐卻會有更多兔子可供捕食，結果來年狐的增長率就會更高。這大體上最後都能恢復穩態。若是沒有恢復，那麼就會造成兩種長期效應。一種是由於掠食動物很少，因此數量爆發增長成災，好比澳洲

【知識補給站】

狐和兔的數量起伏

　　下表顯示狐和兔的數量起伏現象，表中有幾個數字，分別代入公式就可以看出不同的波動型態。最初有 100 隻狐和 100 隻兔。請注意兔子數量在月分數 2 之後的遞減慘況，還有在月分數 8 之後，狐的數量也急遽減少，這時兔子的數量已經開始回升。

月分數	狐數	兔數
0	100	100
1	110	90
2	120	78
8	100	23
16	14	39
24	18	126
32	54	290
40	178	125

公式的出生率和死亡率數值為：

$B_f = 1.2$, $D_f = 10$, $B_r = 1.2$ 和 $D_r = 0.003$

的兔子就是如此。另一種是數量不斷減少，最後導致滅絕。
有些因素會破壞循環並造成這種惡果，其中兩種的影響似乎
最為嚴重：一為環境災變，好比隕石，據信恐龍就是因此絕
種，另一種就是人類干擾。

【知識補給站】

經濟衰退起因於經濟加熱過頭？

英國的經濟原本蓬勃，在 1989 年卻突然變壞。其中有項理由是
1988 年對經濟加熱過頭。當時所有指標（好比就業和通貨膨脹）數值
都稍低，因此首相認為，降低利率和稅率還可以讓經濟再略微活絡。
當時他卻不知道，經濟已經開始呈現榮景，這就像是旅社的淋浴水快
要變熱，他這樣做等於是火上加油。結果導致經濟溫度凌駕常態值並
竄升過高。當時英國進口商品，國際收支平衡出現赤字，於是首相無
計可施，只好猛轉冷水並大幅提高利率。隨後就是經濟急遽衰退，這
一切都肇因於政府假定經濟熱水槽會迅速反應，結果卻不然。

時間差和淋浴

　　那麼該如何來解釋前面敍述的淋浴冷熱水問題？淋浴間有套回饋系統。你轉動冷／熱水龍頭的水溫調節動作就是輸入。接著，你的皮膚感受到水溫變化，那就是輸出。倘若溫度太低，那麼你就據此調節水龍頭，這就是回饋。

　　問題幾乎肯定是起源於操作淋浴間的人，因為他誤解自己收到的回饋。他假定自己察覺的水溫，和轉動水龍頭的程度有直接關連。事實卻是，熱水槽有可能間隔一段距離，那就表示調節水溫和察覺結果之間有時間差。

　　這種時間差就類似狐類死亡數量的時間差。一旦兔子族群消失，狐類並不會立刻死亡，而是要經過約一個月之後，才會受到影響。倘若操作淋浴間的人不夠謹慎，他就會陷入類似狐和兔的那種循環。

　　系統過度反應會令人憂心，不過其中最嚴重的就是媒體。不久之前，新聞報導情節還需要花好幾天時間發展。當時急切要求馬上做分析的程度較低，因此記者才能夠先消化故事，之後再提出自己的見解。如今則幾乎都必須即時提出

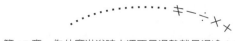

報導內容分析和所有各造的反應。這就會導致情節內容看來就是在兩極端之間擺盪。報導災變的記者通常一開始會低估（「至少死了 50 人……」）隨後就跳到高估（「恐怕死者會多達 400 人……」），最後才獲得介於兩者之間的可靠答案（「如今已知有 241 人喪生……」）。

社會創造了一套失控系統，如今則為其所害。懂得如何控制淋浴水溫的人，都知道該如何解決這項問題。只要在轉動水龍頭之前稍事斟酌，你就會較快得到正確答案。

第 18 章

如何準時上菜？

只要是曾經預備晚餐並烹調好幾道菜餚的人，都知道完成烹飪的操作順序有對錯之別，做對才能及時完成並趕上接下來的行程。學習「排程」和「關鍵路徑分析」等技術，也就是「如何在最短可能時段完成你的計畫」。事實上，早期並不稱為關鍵路徑分析，一直到1950年代時才出現此名。

《有趣的謎題…》

⊙如何以最省的方式、最短的時間烤好三片土司？
⊙注意！順序一做錯，全盤皆輸？！
⊙如何在限定時間內完成程序複雜的肉餡馬鈴薯餅？
⊙如何縮短病人等候的時間？

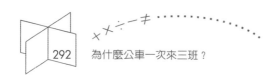
關鍵路徑和排程問題

「讓我們談談食物和節約能量的烹飪術！」

上面是 1941 年 11 月號《通俗婦女週刊》中一篇文章的標題。那篇文章是戰時節約運動的一環，目的是要避免浪費，涉及一切事物並特別著重廚房。

即使土司也在戰時節約活動中占有一席之地。

土司？另一本雜誌刊出一則廣告，向家庭主婦宣導，説明該如何更有效烤出三片土司。史密斯太太的瓦斯烤架一次

可以烤兩片土司，每次烤一面。

史密斯太太要烤三片土司，一片給老公，一片給自己，另一片則給小史密斯。以下這種作法最直截了當，可以烤出三片土司（為方便起見，就稱之為 A、B 和 C）：

把 A、B 兩片擺在加熱架下方來烤頂面　　　（30 秒）

翻面烤另一面　　　　　　　　　　　　　　（30 秒）

拿走 A 和 B 並把 C 擺進去　　　　　　　　（30 秒）

把 C 翻面　　　　　　　　　　　　　　　　（30 秒）

這總共要花 2 分鐘來把土司烤好。不過，等等！研究人員看出，這種作法並沒有完全發揮效率，而且只要重新稍作安排，就可以讓史密斯太太省下 25% 的烤土司能量：

把 A 和 B 片擺在加熱架下方，並烤好頂面（30 秒）

把 A 翻面並拿走 B 改擺入 C　　　　　　　（30 秒）

拿走 A 改擺入 B 並把 C 翻面　　　　　　　（30 秒）

只要 90 秒鐘，就能把三片土司完全烤好。

當時英國國內的人都接受教導，學習「排程」和「關鍵路徑分析」等技術，也就是「如何在最短可能時段完成你的計畫」。事實上，當時那並不稱為關鍵路徑分析，該名稱要

一直到 1950 年代才會出現。不過，只要是曾經預備晚餐並烹調好幾道菜餚的人，都知道完成烹飪的操作順序有對錯之別，要做對才能及時完成並趕上喝茶時間。

注意！順序要做對

　　有些事項只能採一種順序才能完成。例如：所有小孩都知道，要先穿襪子再穿鞋子。穿上鞋襪是種循序作業，鞋子的先決條件是襪子。

　　然而，另有些例行事務卻有不同順序可供選擇，同樣都能完成工作事項。例如洗澡時有如下選擇：

　　A　先脫衣再轉開水龍頭

　　B　先轉開水龍頭再脫衣

　　若是你選擇 A，也不會有災難等著你。不過，這樣一來，你就會稍晚一些才能進入浴缸。倘若脫衣要花 2 分鐘，把浴缸注滿水要花 10 分鐘，那麼 A 作法要花 12 分鐘。B 作法則只需要花 10 分鐘。這是由於脫衣和把浴缸注水並不相依，可以並行作業。區分何者為循序事項（例如：先在水壺裝水再點火煮水），何者可以並行操作（燙衣服時一邊聆聽新聞廣播），是做家事的核心要務。從較恢宏尺度觀之，循序和並行作業是關鍵路徑分析的重要部分，而各產業的所有專案計畫管理人都要使用這種分析作法。

【知識補給站】

行人陸橋問題

　　四人必須跨越行人陸橋才能搭上最後一班火車，而且再過不到 16 分鐘列車就要開了。不過這裡有個窘境。陸橋只能容兩人通行。由於這是座危橋，行人通過時必須全程使用手電筒，而且要按照較慢那個人的速率一起通過。

　　詹姆斯可以在 1 分鐘內過橋。

　　凱斯可以在 2 分鐘內通過。

　　拉瑞可以在 5 分鐘內通過。

　　麥克非常緊張，要花 8 分鐘才能過橋。

　　這四人要怎樣過橋，才能全部及時趕上火車？這四人總共只有一支手電筒，而且手電筒只能用手拿著，不可以拋擲。倘若麥克和凱斯一起過橋，接著麥克帶著手電筒回去接其他人，這就要花 16 分鐘，這樣一來就錯過了時限。

　　答案看來似乎違反直覺：

　　詹姆斯和凱斯先通過（2 分鐘）

　　凱斯帶手電筒回來（2 分鐘）

　　拉瑞和麥克一起過橋（8 分鐘）

　　詹姆斯帶手電筒回來（1 分鐘）

　　詹姆斯和凱斯一起過橋（2 分鐘）

　　四人在 15 分鐘內通過！

如何在時間內完成程序複雜的肉餡馬鈴薯餅？

　　這裡再提出一個專案實例。單身漢熟練了烤豆技術之後，接著就要更上層樓，烹煮肉餡馬鈴薯餅。今晚，史帝夫決定烤肉餡馬鈴薯餅，不過他看出其中要完成非常繁多的步驟，因此要求室友克雷格出手相助。電視足球賽在 40 分鐘內就要開始，他們希望能及時把食物準備好。他們有兩個擱架和一座烤箱，此外還有一個大油炸鍋、一個單柄平底鍋和一個有蓋湯鍋。

　　這兩位小伙子要完成底下各項廚房工作，各事項所需時間分列如下。（部分時間長度有問題，不過，就讓我們假定這是史帝夫會嚴格依循的烹飪法和時刻表。）

A	預備馬鈴薯（洗、削皮等）	7	（分鐘）
B	煮水	3	
C	水煮馬鈴薯	17	
D	馬鈴薯搗泥	3	
E	切碎洋蔥（並洗眼睛）	4	

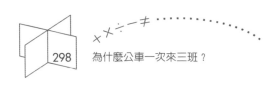
F	炒洋蔥	3
G	煎絞肉上色	5
H	牛骨汁塊加水並倒入絞肉	2
I	擺入有蓋湯鍋燴絞肉	11
J	把馬鈴薯泥均勻塗敷於絞肉上	2
K	預熱烤箱	5
L	把馬鈴薯餅放入烤箱烘烤	8

絞肉

　　這裡有兩項主要作業程序，其中一項是處理絞肉，另一項則是準備馬鈴薯，兩項可以並行作業。

　　乍看之下，這頓飯會在 40 分鐘時限內完成。可惜這裡有個問題。事項 J（在絞肉上塗敷馬鈴薯泥）只能在完成馬鈴薯泥（D）之後才能進行。就算史帝夫能夠在開始烹飪之後，只過了 25 分鐘就進入 J 步驟，馬鈴薯泥還要在工作開始 30 分鐘之後才會完成。因此，實際上馬鈴薯餅至少要在 45 分鐘之後才能完成。到時比賽已經開始了！

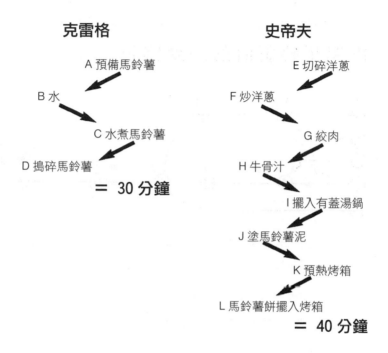

克雷格

A 預備馬鈴薯

B 水

C 水煮馬鈴薯

D 搗碎馬鈴薯

= 30 分鐘

史帝夫

E 切碎洋蔥

F 炒洋蔥

G 絞肉

H 牛骨汁

I 擺入有蓋湯鍋

J 塗馬鈴薯泥

K 預熱烤箱

L 馬鈴薯餅擺入烤箱

= 40 分鐘

我們就用這個例子，來做點關鍵路徑分析。史帝夫和克雷格究竟可以多快完成肉餡馬鈴薯餅？

有項技術可以求出這個解，如下圖所示。訣竅就是要先確立哪些是循序作業，哪些則可以並行。就本例而言，有五件事項彼此並不相干，包括：A（預備馬鈴薯）、B（煮水）、E（切洋蔥）、G（煎絞肉上色）和K（預熱烤箱）。這些可以放在左側，這些事項的右側，就是要等先前項目完成之後，才能動手的事項。

【知識補給站】

肉餡馬鈴薯餅的關鍵路徑

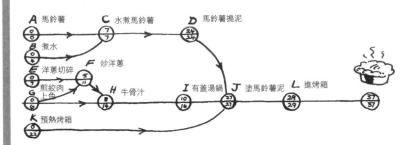

　　每個圓圈中的上半部數字，分別指出可以展開各項工作的最早時間，下半部數字則表示開始該項工作的最晚可行時間。要算出某事項之最早開始時間，就從該項最左側向右算出。若要算最晚開始可行時間，則可以從完成的馬鈴薯餅開始並反向計算。

　　例如：煮水（B）可以在零分鐘之後開始，因為事先並不需要完成任何事項。至於最晚何時應該開始煮水，才不致於延後開飯，答案是 4 分鐘（該項圓圈之下半部數字）。

　　這裡面還有各種相依狀況，好比 H（牛骨汁液）就必須等水煮開（B）之後才能調製。按照史帝夫的烹飪法，煎絞肉上色和炒洋蔥不能夠同時進行，至於哪項先做就沒關係。不過最好是先動手煎絞肉，因為這樣一來，就可以一邊煎一邊切洋蔥。

　　按照這整套程序完成所有事項，結果就可以在最短 37
分鐘內完成馬鈴薯餅。然而，若是要在 37 分鐘時限內完成
工作，那麼有一組序列項目的最早和最晚開始時間就都要相
等（見左頁圖）。這個序列為：預備馬鈴薯、水煮馬鈴薯、
馬鈴薯搗泥、在絞肉上塗馬鈴薯泥，並把調製完成的馬鈴薯
餅擺入烤箱。

　　這就是關鍵路徑。若是這個系列中有任何事項耽擱，肉
餡馬鈴薯餅就會延後完成。就另一方面而言，若是關鍵路徑
中有任何事項能夠提前完成，烹飪時間就可以縮短。倘若史
帝夫準備馬鈴薯時不像平常那麼講究，粗心多削掉一些馬鈴
薯肉，或殘留一些表皮，那麼他不到 7 分鐘就可以完成這項
工作。若是這項作業縮短 4 分鐘，完成烹飪所需時間就可以
減到 33 分鐘。

　　不過，關鍵路徑圖並沒有考慮到一點，其中有些許糾
葛。有段時間會出現五件事項同時進行：A、B、E、G 和
K。只有兩位廚子不可能辦到。然而，炒洋蔥和煎絞肉上色
作業都不需要全程照料，而且這兩項也都屬於較為「閒散」
的烹飪步驟（不納入關鍵路徑）。因此，實際上這兩個小伙
子應該可以應付過去。感謝關鍵路徑分析的奇蹟，這下他們
可以觀賞足球賽了。

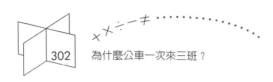

![三角形圖示]

如何縮短病人等候時間？

有時候重新排列事項順序並沒有影響，完成整套工作所花時間相等。不過，這可不是說順序就毫無關係。

有一天，某位外科醫師要對五位病人動手術。病人所需進行手術的類別各不相同，手術的時間也長短不一樣。患者分列如下：

患者	手術時間
亞當	30 分鐘
芭芭拉	120 分鐘
克萊爾	90 分鐘
大衛	80 分鐘
恩尼	75 分鐘

不論那位外科醫師採何種順序來進行手術，總共所花時間都會相等，因此他下午絕對不可能溜出去打一場高爾夫球。然而，手術順序會影響患者的平均等候時間。因此，他還是可以影響顧客的滿意程度。

假定那位外科醫師決定採 A、B、C、D、E 順序來進

行手術。由於 A 要待在手術室中 30 分鐘，B 就要等候 30 分鐘才會輪到她。等到完成 A 和 B，150 分鐘已經過去了，那就是 C 的等候時間。患者 D 總共就必須等候 30 + 120 + 90 分鐘，而 E 總計就要等候 30 + 120 + 90 + 80 分鐘。

患者 A、B、C、D 和 E 的等候時間為：

患者	等候時間
亞當	0 分鐘
芭芭拉	30 分鐘
克萊爾	150 分鐘
大衛	240 分鐘
恩尼	320 分鐘

由此便可以計算得出各患者的平均等候時間為：$\dfrac{740}{5}$ 或等於 148 分鐘。

現在來看，若是改變患者順序，讓所需手術時間最短的患者排第 1，第 2 短的排第 2 等等。這時手術作業順序就為 A、E、D、C、B。

患者	手術時間	等候時間
亞當	30 分鐘	0 分鐘
恩尼	75 分鐘	30 分鐘
大衛	80 分鐘	105 分鐘
克萊爾	90 分鐘	185 分鐘
芭芭拉	120 分鐘	275 分鐘

　　於是平均而言，各患者就不必等候 148 分鐘，而只要等 119 分鐘。這時患者就感到比較滿意，而且外科醫師也只需要在安排手術時，採取更適當的順序就成了。

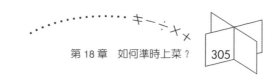

有效率！風險也要納入關鍵路徑分析

　　和許多重大計畫相比，史帝夫的肉餡馬鈴薯餅和外科醫師的手術順序重排都算是小兒科。營建計畫、生產計畫和軍事作業，確實都有許多作業項目要同時進行，如今也都要靠計畫經理人運用關鍵路徑分析來解決，而且也幾乎肯定要借助電腦。

　　我們討論的例子都很單純，不過其中也會有許多複雜糾葛，因此電腦計算能力不可或缺。例如：倘若史帝夫和克雷格在烹飪期間需要三個擱架，那又該如何？這時就要把事項順序重排，才能應變解決。或者，倘若史帝夫的媽媽，每天傍晚都習慣在這段時間打電話來。若是她今晚也打來了，史帝夫負責烹調的部分就會耽擱。史帝夫的媽媽算是種風險，真的有必要納入專案規畫。營建工地也有類似風險，好比壞天氣就相當於史帝夫的媽媽……

　　熟練的計畫規畫人員能夠把風險納入關鍵路徑分析，工作項目也會安排得更有效率，這或許能刪減 25% 的計畫成

本。只要想想，倘若安妮卡‧萊斯（Anneka Rice）能夠先用專案程式做好規畫，說不定她的兒童派對，就不會出現樂隊進入庭院時，油漆工還在做最後上色的窘境。回過頭來想，也就是這類劇情，才讓觀眾緊盯不放，最好的電視劇都蘊涵危機！

第 19 章

六種逗小孩高興的神奇把戲！

要介紹小孩認識某項課題，最好的作法就是帶一點樂趣來吸引注意。沒有任何方式的效果，能夠超過魔術。而且也難得有七歲以下的孩子會不喜歡看把戲。其實多數成年人，私底下對這類把戲也都很著迷。數學充滿稀奇現象，可以把這個當作基礎來表演把戲。或許這也可以說明，為什麼有那麼多魔術師也熱衷研究數學。

《有趣的謎題…》

⊙1號把戲：動物魔術

⊙2號把戲：超能力遊戲

⊙3號把戲：預測數字

⊙4號把戲：魔術方陣

⊙5號把戲：無聊的數字，驚喜的結果！

⊙6號把戲：顛倒數

數字也可以變魔術

　　要介紹小孩認識某項課題，最好的作法就是帶一點樂趣來吸引注意。沒有任何方式的效果，能夠超過魔術。而且也難得有七歲以下的孩子會不喜歡看把戲。其實多數成年人，私底下對這類把戲也都很著迷。數學充滿稀奇現象，可以把這個當作基礎來表演把戲。或許這也可以說明，為什麼有那麼多魔術師也熱衷研究數學。也難怪，偉大的數學家暨童書作家卡洛爾（Lewis Carroll）也熱愛魔術和猜謎遊戲。或許應該有更多數學教師也成為魔術師。

　　這裡列出幾樣把戲。這幾項都很能逗小孩高興，不過通常對成年人也很有效。其中第 1 號把戲，也正是某次管理研

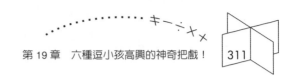

討會的開場主題。那次研討會很嚴肅，過程是討論管理技巧，不過到最後有位主管發言：「我只有一個問題……能不能請你說明，研討會剛開始時那套把戲是怎樣變的？」

1 號把戲：動物魔術

接下來我就要看穿你的心思。你必須會計算 9 的乘法，還要做點簡單的加減運算。

- 想出介於 1 到 10 之間的一個數字，不要告訴我。

- 把那個數字乘以 9……算好了嗎？

- 現在你的答案可能有兩位數。請把兩個位數值相加，產生新的答案（例如：倘若是 25，數值相加為 2 ＋ 5 且得數為 7）。

- 好，從這個新答案減去 4，這就是你的最後答數。

- 現在把這最後答數轉換為字母：1 為 A、2 為 B、3 為 C、4 為 D 並以此類推……

- 把你的字母當作首字母，想出一種動物名稱。

- 完成了嗎？那麼你現在所想的動物就是……elephant ！

好神啊。不過怎麼會這樣呢？

原理很簡單，9 乘上任何數字所得答案之各位數值相加全都等於 9。包括 18、27、36、45……全都如此。（事實

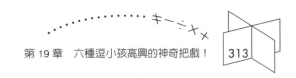

上，適用這個原理的乘數可達 20，不過 11 除外。）這就表示魔術助手會被迫算出 9，因此當他減去 4 就會得到 5，接著便轉換為字母 E。那麼，你知道有幾種動物名稱是以 E 為開頭？

2 號把戲：超能力遊戲

從一疊 52 張撲克牌中取出 7 張（最好是拿同花連號牌，好比紅心 A、2、3、4、5、6 和 7）。要你的助理檢查這 7 張是不是普通的撲克牌。現在就要她洗牌，接著把牌拿回來再洗一次。偷看最下面一張是什麼——假設是紅心 A。

這時就告訴助理，你的心靈能力很強，因此你有辦法不讓她挑出紅心 A。把那疊牌面朝下拿給她，要她想出介於 1 到 6 之間的任意數字。倘若她是挑 4。現在要她從最上面一張一張清點，逐一疊到最下面，總共這樣數 3 張牌，接著翻開最上面第 4 張牌。預測那不會是紅心 A——當然不是。要她把這張牌面向上並疊在最底下，接著重複這個動作，從最上面清點 3 張牌，每次一張擺到最下面，並翻開第 4 張。她

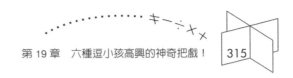

　　要做相同程序 6 次，而且每次她翻開的牌都不是紅心 A。最後只剩下一張牌面朝下，於是你告訴她，你控制選定的牌不讓它出現，要到最後才會現身。接著就翻出那張紅心 A。

【知識補給站】

2 號把戲中的質數

　　這種撲克牌把戲的唯一要件是，那疊撲克牌的張數必須為質數。就本例而言為 7，不過，拿 3 張、5 張或 11 張牌也可以變這套把戲（若超過 11 張，就開始稍嫌冗長乏味）。倘若那疊撲克牌有 N 張，你要助理挑出介於 1 和 N－1 之間的數字（因此若是 11 張牌，助理就要挑出 1 到 10 之間的數字）。

　　假定有 11 張撲克牌而助理挑 4。這時你要把 4 累加幾次才能得到 11 的乘積？試試看。過程為 4、8、12、16、20、24、28、32、36、40、44，也就是 11 次。倘若助理挑 6 呢？過程為 6、12、18、24、30、36、42、48、54、60、66，又是 11 次。事實上，答案始終都是 11。而且只要撲克牌數量為質數 P，則要從那疊撲克牌，翻出最底下那張的循環次數也始終都等於 P。換句話說，這時就要翻開最後那張牌。任何人只要熟悉「質因數原理」，根本不假思索就可以推出這個必然結果。不過，這套把戲卻會令人一時想不透，就算是在數學家面前表演也很靈驗！

3 號把戲：預測數字

　　這裡還要介紹另一種根據簡單數學原理變的「心靈」把戲。準備四張卡片，並先在上面寫下以下數字：

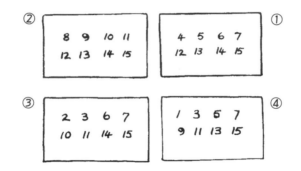

　　要你的助理挑出一個介於 1 到 15 之間的數字。接著把四張卡片拿給他看，並逐一詢問他所選的數字是否在卡片上。接著你就立刻公布他所選的數字。

　　這套把戲的訣竅很簡單。把包含助理所選數字的卡片最左上角數字相加。例如：倘若他挑 13，這個數字出現在第一、第二和第四張卡片上，於是你把 8、4 和 1 相加得 13。

　　孩子都很喜歡這套把戲，因為他們可以很快自行製好卡

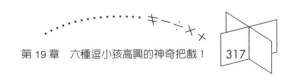

片，接著就拿來對爸媽做試驗。這套把戲也很適合用來介紹
二進位數，這也就是電腦的基礎。

【知識補給站】

二進位數

　　3 號把戲中的數字 13 在四張卡片的出現模式為：「是、是、否、是」。若是數字 8 就為「否、是、否、否」。二進位碼是以 1 來表示「是」，而「否」則是以 0 來表示。數字 13 的二進位碼寫成 1101，而 8 則寫成 0100（實際上，你也可以消去第一個 0 並寫成 100）。二進位數和尋常數字的運算完全相同，只除了各欄位並不代表個、十、百、千等位數，而是分別代表個、二、四、八、十六等位數。

　　為什麼電腦不像我們也採用十進位數，卻獨獨要使用二進位數？主要的理由很單純。我們要先學習 10 個數字才能使用十進位，二進位數就極為方便，因為這只需要 2 個數字，也因此很容易用電子形式來代表。所以「開」就為 1，「關」則為 0。

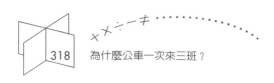
4號把戲：魔術方陣

12	8	5	9
17	13	10	14
11	7	4	8
13	9	6	10

　　準備這項把戲時要把這個方陣放大，並預備四支不同彩
色蠟筆（這裡就用紅、藍、綠、黃四色）。其次，在一張紙
上寫下數字39，擺入信封並封好。把信封拿給一位志願
者。你變這項把戲時，也可以再另外徵求四位志願者。把紅
蠟筆拿給第一位志願者，要他選定一列並畫紅色橫線貫串數
字。現在要他挑出一欄並畫1條紅色縱線。

　　下一位志願者拿到藍蠟筆，也可以從空白的列和欄中，
各選其一並畫藍線貫串各數。接著就是綠色。黃蠟筆只能用
來畫掉剩餘的列和欄。

　　強調剛才完全是自由抉擇。現在就把2條紅線相交的方
格，還有2條藍線、2條綠線以及2條黃線相交的各方格內

之數字相加。所得總數就是 39，這時你就可以要你最後一位志願者打開信封，並取出你預測的數字！

　　這個方陣是如何製成的？如圖把一些數字擺在方格外，並請注意數字累加之和等於 39。

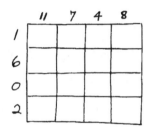

　　現在把各方格欄位上方的數字，和橫列左側的數字相加，並把答案填入方格中，這就製成魔術方陣。用蠟筆這樣畫線，保證可以從各列和各欄分別選出一個數字，因此最後累加結果也必然和用來產生方陣的數字和相等。

　　你也可以挑選你喜歡的「魔術」數字，並據此自行製作這種方陣。倘若你有位親戚就要過 50 歲生日，現在你就可以為他們特別製作生日方陣，只要確認方格周圍的數字累計總和等於年齡數，方陣就始終會得出數字 50。當然那要假設他們願意回想起年齡真相。

5 號把戲：無聊的數字，驚喜的結果！

這套把戲要用到計算機。

準備五張卡片，上面分別寫上一個你所謂的「無聊」數字。這五個無聊數字為 3、7、11、13 和 37。你說明，生命中常有許多無聊的事情要做，不過卻很值得去做，因為最後結果可能非常刺激。要一位志願者洗牌。現在，要她想出介於 1 和 9 之間的任意數字。請她挑出一張卡，並把她的神祕數字和卡片上的數字相乘。現在要她挑出另一張卡片，並以先前乘積和卡上的數字相乘。反覆這個過程做完所有卡片。在她按下「＝」按鈕之前，先告訴她，她的神祕數字會突然在她眼前出現許多次。當然囉，假定她的數字為 5，結果就會是 555555。

產生這種現象的原因事實上是，$3 \times 7 \times 11 \times 13 \times 37 =$ 111,111。數字 3、7、11、13 和 37 恰好都是質數，也都是 111,111 的質因數。當然，不管你是採哪種順序來相乘都沒有關係，最後總會得到那個有趣的數字。倘若這些數字再與

介於 1 和 9 之間的數字相乘，選定的數字就會在答案中出現 6 次。

　　這套把戲有兩種變形。你可以只用 3 和 37 兩張卡片。兩數相乘再和志願者的數字（好比 5）相乘，結果就等於 555。

　　接下來你可以只用 7、11 和 13 這三張卡片，並要志願者想出一個介於 100 和 1000 之間的數字（好比 123）。把所有數字相乘，你就可以求出那位志願助理的數字並呈現兩次：123123。

　　這時你就可以把原來用上所有五張卡片的把戲當作「終場」收尾。通常小孩都會非常驚訝。

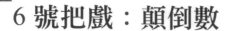

6 號把戲：顛倒數

這套把戲也要用上計算機。

- 要助理想出一個介於 100 和 999 之間的數字（例如：791）。

- 現在把數字倒置（197）。

- 要助理算出第一個數字與其倒數之差。這是個新數字（791 — 197 等於 594）。

- 列出新數字的倒數（495）並求得兩數之和（495 + 594）。

於是你就寫下某數並封在信封裡。要助理講出她的最後數字，接著打開信封露出答案，而且那始終都為 1089。

事實上，若要保證這套把戲絕對成功，就必須要求助理在設想她的起始數字時，必須確定其第一位和最後一位之值，至少要相差 2（因此可以是 128，但 192 就不行）。

這套把戲之所以靈驗，是由於任意三位數字減去其倒數，所得差就為 99 的倍數。為方便探究原因，就讓我們把

該數字稱為 abc。這就等於是 100a ＋ 10b ＋ c。其倒數為
100c ＋ 10b ＋ a。以第一數減去第二數，求得 99a ─ 99c，
這肯定為 99 的倍數。同時，99 的任意倍數，從 198 到
891，加上其倒數都會得到 1089。試試看。

　　你還可以為這套把戲畫龍點睛。你一開始就說，稍後你
會傳遞一則信息給助理。按照前面步驟表演把戲，不過當她
算到數字 1089 之時，不要把數字封在信封裡，要她把答案
加上 200，接著除以 10000，隨後則乘以 6。告訴她，這時
信息就在計算機上。結果她看到的正是 0.7734。不過，接著
你又說：「喔，我忘了，這是有關於顛倒數字的把戲。」因
此她要把計算機倒過來看。當然啦，上面列出的就是 hELLO
單字囉！

結語

　　我們是刻意把談魔術這章保留到最後。魔術把戲彰顯數學的最重要用途之一，也就是讓生活更有趣。而且最後也不見得要出現驚奇或意外才算有趣。這個科目有許多精彩現象，都是肇因於觀察模式並探究「為什麼？」。本書多數章節背後的靈感都是由此而來。

　　有時候，機運也會造成有趣的模式，好比談巧合那章所討論的例子。其他還有許多則可以推出原因，好比公車一來就是三班，或花瓣數量多半為 5 的倍數。下次當有人問你數學是什麼，不要說那是在談學習乘法表方面的學問。數學是研究漂亮模式的學問，而我們全都喜愛漂亮的模式！

Why Do Buses Come in Threes?: The Hidden Mathematics of Everyday Life by Rob Eastaway and Jeremy Wyndham

Copyright© 1998 by Rob Eastaway and Jeremy Wyndham

First published in Great Britain in 1998 by Robson Books, a member of Chrysalis Books Group PLC,

The Chrysalis Building, Bramley Road, London W10 6SP, UK

Complex Chinese translation copyright ©2021 by Faces Publications, a division of Cité Publishing Ltd.

This edition licensed through the Chinese Connection Agency, a division of The Yao Enterprises, LLC.

All Rights Reserved

科普漫遊 FQ1011Y

為什麼公車一次來三班？
從自然的奧妙原理到日常的不思議定律，探索生活中隱藏的 81 個數學謎題

作 者	羅勃・伊斯威 (Rob Eastaway)、傑瑞米・溫德漢 (Jeremy Wyndham)	
插 圖	芭芭拉・薛爾 (Barbara Shore)	
譯 者	蔡承志	
副 總 編 輯	劉麗真	
主 編	陳逸瑛、顧立平	
責 任 編 輯	龐涵怡	

發 行 人　涂玉雲

出 版　臉譜出版
　　　　城邦文化事業股份有限公司
　　　　台北市中山區民生東路二段 141 號 5 樓
　　　　電話：886-2-25007696　傳真：886-2-25001952

發 行　英屬蓋曼群島商家庭傳媒股份有限公司城邦分公司
　　　　台北市中山區民生東路二段 141 號 11 樓
　　　　客服務專線：886-2-25007718；25007719
　　　　24 小時傳真專線：886-2-25001990；25001991
　　　　服務時間，週一至週五上午 09:30 12:00；下午 13:30 17:00
　　　　劃撥帳號：19863813　戶名：書虫股份有限公司
　　　　讀者服務信箱：service@readingclub.com.tw

香 港 發 行 所　城邦（香港）出版集團有限公司
　　　　香港灣仔駱克道 193 號東超商業中心 1 樓
　　　　電話：852-25086231　傳真：852-25789337

馬 新 發 行 所　城邦（馬新）出版集團 Cité (M) Sdn Bhd
　　　　41-3, Jalan Radin Anum, Bandar Baru Sri Petaling, 57000 Kuala Lumpur, Malaysia
　　　　電話：603-90563833　傳真：603-90576622
　　　　E-mail：services@cite.my

四 版 一 刷　2021 年 7 月 1 日

城邦讀書花園
www.cite.com.tw

ISBN 978-986-235-983-9

定價：350 元

（本書如有缺頁、破損、倒裝，請寄回更換）

國家圖書館出版品預行編目資料

為什麼公車一次來三班？：從自然的奧妙原理到日常的不思議
定律，探索生活中隱藏的 81 個數學謎題／羅勃·伊斯威（Rob
Eastaway）、傑瑞米·溫德漢（Jeremy Wyndham）著；蔡承志
譯 -- 四版 .-- 臺北市：：臉譜，城邦文化出版：家庭傳媒城邦
分公司發行 , 2021.07
面；　公分 . --（科普漫遊；FQ1011Y）
譯自：Why Do Buses Come in Threes?: The Hidden Mathematics
　　　of Everyday Life

ISBN 978-986-235-983-9（平裝）
1. 數學　2. 通俗作品

310   110008487